Stefanie Arndt

mit Andy Hartard

EXPEDITIONEN IN EINE SCHWINDENDE WELT

Wie das Abschmelzen der Polkappen
unseren Planeten für immer verändern wird

Rowohlt Polaris

Originalausgabe
Veröffentlicht im Rowohlt Taschenbuch Verlag,
Hamburg, September 2022
Copyright © 2022 by Rowohlt Verlag GmbH, Hamburg
Covergestaltung HAUPTMANN & KOMPANIE Werbeagentur, Zürich
Coverabbildung Nicolas Stoll
Satz aus der Skolar Latin bei CPI books GmbH, Leck
Druck und Bindung GGP Media GmbH, Pößneck, Germany
ISBN 978-3-499-00866-5

Die Rowohlt Verlage haben sich zu einer nachhaltigen Buchproduktion verpflichtet. Gemeinsam mit unseren Partnern und Lieferanten setzen wir uns für eine klimaneutrale Buchproduktion ein, die den Erwerb von Klimazertifikaten zur Kompensation des CO_2-Ausstoßes einschließt.
www.klimaneutralerverlag.de

Inhalt

Vorwort 7

Faszination Eis 12

Teil I – Eine dünne Hülle 24
Heute –42 °C in der Arktis 26 Ein Regenwald am Südpol 38
Mit dem Wind um die Welt 46 In der Wüste 56

Teil II – Das Ende des Eises 68
Expeditionen zu den Eisschilden unserer Erde 70
Unterwegs auf dem Meereis der Arktis 80
Das unsichtbare Eis der Erde 97

Teil III – Ein neuer Ozean 102
Die Weltreise der Enten 104 The Day After Tomorrow 111
Nur ein paar Zentimeter? 118 Das Meer wird sauer 129

Teil IV – Belebte Pole 137
Unter dem Meer 138 Unterwegs auf dünnem Eis 145
Das große Kuscheln 155 Der Klang des Ozeans 165

Generation Zukunft 173

Dank 192 Nachtrag 196
Quellen 197 Bildnachweis 223

Vorwort
von Sven Plöger

Während ich in der warmen Stube sitze und auf die langsam höher steigende Sonne schaue, ist sie längst wieder im Eis. Diesmal nicht mit dem Forschungsschiff *Polarstern* «eingefroren» in der Arktis, sondern unterwegs auf der anderen Seite unseres Planeten, in den beeindruckenden Eiswelten der Antarktis.

Die Polarregionen ziehen Dr. Stefanie Arndt ganz offensichtlich magisch an. Sie ist Wissenschaftlerin durch und durch, gleichzeitig ist sie ein sehr unterhaltsamer, emotionaler Mensch. Wenn sie von etwas fasziniert ist und davon erzählt, wird man als Zuhörer oder Leser einfach «mitfasziniert» – der Funke springt über.

Leider sind Frauen in den naturwissenschaftlichen Fächern nicht gerade überrepräsentiert. Wir haben hier einen erheblichen Nachholbedarf. Umso schöner ist es, dass Stefanie Arndt es so gut versteht, mit Freude und gleichzeitig angemessener Ernsthaftigkeit Zusammenhänge zu vermitteln, die uns alle etwas angehen. Dies ist deshalb ein Buch für alle Generationen und kann gleichzeitig zweifellos andere junge Frauen anstecken, eine naturwissenschaftliche Laufbahn einzuschlagen.

Während ich diese Zeilen schreibe, gibt mein Smartphone einen besonderen Ton von sich. Ich habe ihn extra für den Fall eingerichtet, dass eine Nachricht von «Stefanie, momentan in der Nähe des Südpols» eintrifft. Dieser Ton lässt mich sofort zum Smartphone greifen, und so durfte ich gerade Hugo kennenlernen. Aus großer Ferne watschelt der Pinguin auf Stefanie zu, bleibt circa zehn Meter vor ihr stehen und scheint höflich, aber fordernd zu fragen «Was machst du hier?». Ich weiß, dass die beiden dann ausführlich miteinander gesprochen haben.

Es sind diese kleinen Geschichten, die wissenschaftliche Reisen so persönlich und so erlebbar machen. Naturwissenschaftliche Zusammenhänge im komplexen Erdsystem, wozu Atmosphäre und Kryosphäre ebenso zählen wie Hydrosphäre und Biosphäre, sind zuweilen «harte Brocken», wenn man sie wirklich verstehen will. Wenn man dann – wie in diesem Buch – einen gesunden Wechsel aus erstklassiger Sachinformation von der Forscherin selbst, also aus erster Hand, erhält und darauf zuweilen auch humorvolle «Lockerungsübungen» folgen, dann ist der Kopf sofort wieder frei für den nächsten Schritt.

Natürlich könnte man nun sagen, das polare Eis sei doch sehr weit von uns weg. Was dort passiere, könne für uns doch keine bedeutende Rolle spielen. Aber das ist ein großer Irrtum, denn im Grunde funktioniert unser Planet wie ein Organismus, in dem alles mit allem wechselwirkt. So erleben wir im Eis der Arktis gerade Veränderungen in einer bis dato nie da gewesenen Geschwindigkeit, ein unglaublicher Eisschwund findet statt. Und das ist kein rein regionaler Vorgang, sondern genau dieser Eisrückgang und die übermäßige Erwärmung der nordpolaren Breiten verändert auch unser Wettergeschehen. Hochs und Tiefs werden langsamer, oft werden auch andere Zugbahnen eingeschlagen, sodass sich Hitzewellen, Dürre-, aber auch Starkregenperioden mit Überschwemmungen wie etwa der Flutkatastrophe im Sommer 2021 im Ahrtal häufen. Diese Entwicklung entspricht dem, was die Klimaforschung bereits vor vierzig Jahren berechnet hat.

In diesem Buch erfahren Sie gut verständlich, weshalb es zu diesen Veränderungen vor Ort und bei uns kommt. Auch die Unterschiede zwischen Arktis und Antarktis werden herausgearbeitet. Wie entwickelt sich die Eisdecke, wo und warum oder was geschieht mit den Permafrostgebieten auf diesem Planeten? Sie erhalten einen unmittelbaren Einblick in die Polarforschung. Was wird da genau gemacht, und welche Schlüsse können warum aus den Messkampagnen gezogen werden? Dies alles auch vor dem Hintergrund der spannenden Historie der Polarforschung. Wann fing es mit wem an, und welche Geschichten verbergen sich dahinter?

Der große Bruder von Stefanie bekam als Kind einen Globus geschenkt – gewissermaßen ein Spielzeug, das auch sie nicht unbeeindruckt gelassen hat. Die Erde in der Hand zu halten und schon damals zu sehen, was es alles zu entdecken gibt, hat sie begeistert. Dieser Globus zieht sich auch deshalb durch das ganze Buch, sodass niemand jemals die Frage stellen muss, wo denn dieser einsame Ort eigentlich ist, an dem gerade Wissenschaft betrieben wird. Wissen ... schaft. Ein schönes Wort übrigens. Zeigt es doch, dass es ein Prozess ist: Es wird Wissen geschaffen!

Zu viel soll ein Vorwort ja nicht verraten, aber die Neugierde zu kitzeln, das muss erlaubt sein: Wie erging es Stefanie im Lebensraum der Eisbären, als sie mit dem Gewehr an Bord der *Polarstern* Wache halten musste? Wie war es für sie, als Hydrofone im Wasser verankert wurden und sie erstmals den Gesang der Wale hörte? Der Ozean ist laut, die Tiere verständigen sich, jede Tierart übrigens in einer anderen Frequenz. Oder auch: Was hat es mit dem Regenwald am Südpol auf sich?

Dieses Buch vermittelt Wissenschaft und erzählt Geschichten. Vor allem aber verbindet es – und das ist keinesfalls ein Widerspruch – die Faszination und Leidenschaft für diese einzigartigen Regionen der Erde mit der Wissenschaft dahinter und wagt darüber hinaus einen Blick in die Zukunft. Eine Zukunft, die uns alle etwas angeht und auf die wir jetzt noch einen Einfluss haben, wenn wir klug handeln. Dies als Menschheit zu verstehen, ist wohl eine der größten Herausforderungen, vor der die Weltgemeinschaft heute steht.

EXPEDITIONEN IN EINE SCHWINDENDE WELT

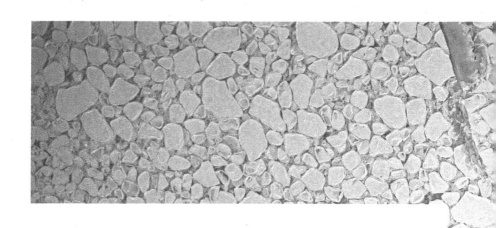

Faszination Eis

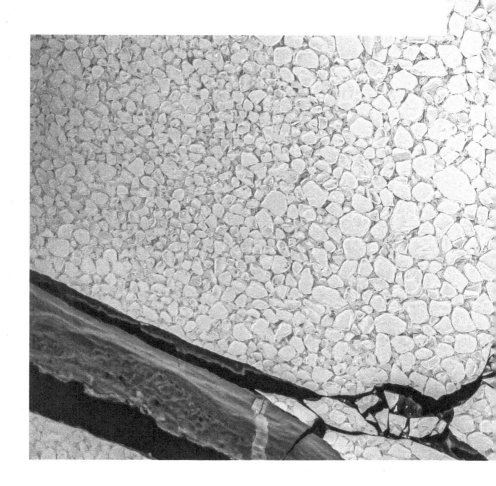

Mein großer Bruder besaß früher einen Globus. Als Kind hockte ich oft davor, drehte ihn und sah mir die Kontinente an. Die Länder waren in verschiedenen Farben eingezeichnet, doch die vorherrschende Farbe war Blau – das Meer. In weiten Flächen dehnte es sich zwischen dem bunten Stückwerk aus. Oben und unten, dort wo der Globus in der Halterung saß, erstreckten sich große weiße Flächen – das «ewige Eis». Eingerahmt von Landmassen lag die Arktis direkt oben auf. Aber um die Antarktis sehen zu können, musste ich den Kopf weit neigen, so tief unten lag sie. Um sie her: nichts als tiefes Blau.

Dass ich als Erwachsene noch oft an diesen Globus zurückdenken würde, während ich in der Arktis und Antarktis den Schnee erforsche, das konnte ich mir damals nicht vorstellen. Auch heute, zwanzig Jahre später, führt mir diese Erinnerung vor Augen, wie weit mein Arbeitsplatz vom Rest der Welt entfernt ist, wie unwirtlich und entlegen er anderen Menschen erscheinen muss. Weit entfernt nicht nur von dem alltäglichen Leben, das wir führen, sondern auch von der Umwelt, die uns umgibt, den Bedingungen, wie wir sie kennen.

4000 Kilometer liegen zwischen der Antarktis, meiner Forschungsheimat, und den nächsten besiedelten Regionen. Bis nach Berlin, in die pulsierende Hauptstadt Deutschlands und dem Ort, wo meine Familie lebt, sind es über 14000 Kilometer.

Wenn ich heute an Bord der *Polarstern*, dem deutschen Forschungseisbrecher und Flaggschiff des Alfred-Wegener-Instituts, in den Polarregionen unterwegs bin, bin ich das als Teil einer Gruppe von meist über hundert Expeditionsteilnehmer*innen aus den verschiedenen Ecken dieser Welt, neben der 44-köpfigen Crew des Eisbrechers – darunter der Kapitän, Ingenieure, Stewards und Stewardessen, Koch, Schiffsarzt und Schiffsmechaniker – Wissenschaftler*innen aus der Meteorologie, der Meereisphysik, der Ozeanografie, der Biologie und vielen anderen Forschungszweigen: Gemeinsam forschen wir Seite an Seite in den entlegensten Regionen der Erde, um zu verstehen, wie sich die Polarregionen und mit ihnen der Planet, den wir Menschen unsere Heimat nennen, verändert. Wie schon die ersten Forscher, die zu diesen Reisen aufbrachen, wollen auch wir «verschiedenartige wissenschaftliche Beobachtungen» gewinnen und «zum Verständnis jenes riesigen Erdraumes, wie zum Fortschritt aller Wissenszweige» beitragen.

Auf der Reise in die Polarregionen lösen die ersten am Horizont gesichteten Eisberge auf der *Polarstern* pure Freude aus – sind sie doch Wegweiser der Natur, die uns zeigen, dass wir auf dem richtigen Kurs sind. Nicht mehr lange, dann verändert sich auch der Ozean, und immer mehr Weiß löst das tiefe Blau ab. Vereinzelte Eisschollen weichen einer nahezu geschlossenen Meereisdecke, und der Bug der *Polarstern* schiebt sich langsam durch diese so fremde Welt. Das Rauschen des Wassers wird dann durch das Kratzen des Eises am Bug abgelöst – in dünnem Eis ein ganz zarter, leiser Ton, je dicker es wird, desto mehr geht das Kratzen in ein Krachen über. Ein Geräusch, das in mir ein wohliges Gefühl auslöst: Ich bin zu Hause, zurück im Eis. Es geht im Zickzackkurs um größere Eisschollen, dann wieder nimmt der Eisbrecher Anlauf, schiebt sich auf die dicken Schollen und drückt sie mit seinem Gewicht von fast 20000 Tonnen auseinander. Aber manchmal muss sich auch der stärkste Eisbrecher geschlagen geben, wir haben uns festgefahren, und es ist Geduld bis zum nächsten Wetterwechsel gefragt.

Wenn ich dann endlich wieder über das Meereis laufe, stelle ich meist recht schnell fest, dass ich die Rotorengeräusche des Hubschraubers, der mich auf der Scholle abgesetzt hat, nicht mehr hören kann. Ich höre gar nichts mehr. Um mich herum herrscht Stille. Eine Stille, die wir in unserer zivilisierten Welt nicht kennen. Da sind keine Maschinengeräusche, keine Stimmen, kein Handyklingeln, kein Hundegebell, nicht mal das Rascheln von Blättern im Wind. In jenen raren Momenten halte ich inne, denke an den Globus meines Bruders, und langsam sinkt die Erkenntnis ein: Genau dort bin ich. Inmitten des blauen Ozeans, an der Stelle, die man nur sieht, wenn man den Hals verrenkt. Unter meinen Füßen: Ein bis zwei, manchmal nur ein halber Meter Meereis, und darunter: mehrere Tausend Meter Wasser. Über mir und um mich herum: eisige Polarluft und weiter oben das, was wir Himmel nennen und unsere Erde umgibt: mehrere Tausend Meter Atmosphäre. Ich sehe mich für einen Moment als winzigen Punkt im Nirgendwo auf dem bunten Globus. Obwohl ich seit über zehn Jahren die Polarregionen erforsche und solche Situationen inzwischen zu meinem Alltag zählen könnte, sind es diese Momente, die mich tief berühren und mir vor Augen führen, wie einzigartig das ist, was ich in den fernen Polarregionen unserer Erde erleben darf.

Dabei wäre es noch zu Schulzeiten für mich undenkbar gewesen, einmal in Antarktis und Arktis über das Meereis zu laufen. Obwohl für mich schnell klar war, dass ich Meteorologie, die Physik des Klimasystems, studieren wollte, blieb die

Frage offen, wo ich das tun könnte. Ein unscheinbares Poster mit dem Titel «Polarmeteorologie» am Tag der offenen Tür an der Universität Hamburg weckte mein Interesse für diesen exotischen Ort. Polarmeteorologie? Polarregionen? Polarforschung? Wäre das etwas für mich? Auch wenn ich mich zuletzt für den Meteorologie-Bachelor in Berlin entschied, hat mich die Polarfaszination durch das Studium getragen. So kam es auch, dass ich mir schon in jungen Jahren einen großen Traum erfüllen konnte: die erste Expedition in die Antarktis. Während meine Eltern anfangs noch hofften, dass es mir im Reich der Pinguine zu kalt, zu weiß und zu einsam sein würde, waren sie spätestens überzeugt, als ich nach jener Expedition mit glänzenden Augen wieder vor ihnen stand: Ich war polarinfiziert.

Für das Masterstudium ging es nach Hamburg, um im Nebenfach Ozeanografie zu studieren, und von dort aus war es nur noch ein kleiner Sprung zum Meereis. Das gefrorene Element, das Ozean und Atmosphäre voneinander trennt, wurde zu meinem Fachgebiet. Seit vielen Jahren untersuche ich es als Meereisphysikerin am Alfred-Wegener-Institut Helmholtz-Zentrum für Polar- und Meeresforschung, kurz auch AWI, in Bremerhaven. Mein Forschungselement ist die Schneeauflage auf dem antarktischen Meereis. Während für die meisten diese weiße Schicht nur weiß ist, erzählt mir der Schnee seine Geschichte – nicht ohne Grund nennen mich Kolleg*innen und der Kapitän der *Polarstern* auch liebevoll «die Schneefrau».

Ein großer Teil meiner Arbeit besteht in der Erhebung unzähliger Datensätze im arktischen und antarktischen Meereis, weswegen es mich in der Regel einmal im Jahr in diese Regionen zieht. Dreizehn zum Teil wochenlange Expeditionen liegen inzwischen hinter mir – durch die schier unendlichen

Weiten des Südozeans, zu hoch aufragenden Gletschern, die sich zum Meer hin ausbreiten, zur deutschen Forschungsstation Neumayer III auf das Ekström-Schelfeis, an die kältesten und trockensten Orte dieser Erde, über unberührte Schneefelder, so weit das Auge reicht, in der gleißenden Helligkeit des Polarsommers, und an die Spitze der Westantarktis, wo einst die großen Entdecker zum ersten Mal einen Fuß an Land der Antarktis setzten. Aber auch hinauf in den Norden an die raue Küste Spitzbergens und weiter noch hinein in die Polarnacht durch das dünner werdende Meereis der Arktis, hoch bis zum grönländischen Eisschild, weiter noch bis zum geografischen Nordpol.

Und auf diese Expeditionen möchte ich Sie mitnehmen. Es wird eine Reise durch die Sphären des Planeten, hinauf in die Atmosphäre, die in den Polarregionen sichtbar wird, wenn die Aurora borealis in Schwüngen über den Himmel tanzt. Wir lassen einen Ballon steigen und beobachten das sich wandelnde Wetter an den Polen. Wir reisen durch das «ewige» Eis, wandeln auf den Zungen der Gletscher, lesen Geschichten aus dem Schnee und werfen einen Blick unter das Meereis, lernen, dass Weiß nicht gleich Weiß ist. Wir tauchen ab in den «neuen Ozean» – das Südpolarmeer –, wagen einen Abstecher in den engen Spalt zwischen einem frisch gekalbten Eisberg und Schelfeiskante und fahren über den Meeresboden der antarktischen Tiefsee, der sich uns alles andere als karg präsentiert. Von Scholle zu Scholle folgen wir den Königen der Arktis durch ihr schwindendes Reich, sehen in der Antarktis Pinguinen beim Gruppenkuscheln zu und lauschen von Bremerhaven aus dem Gesang der Wale, beobachten das größte Säugetier dieser Erde auf der Jagd nach winzigsten Krebsen – vielleicht den eigentlichen Königen der Polarregionen.

Und immer wieder wandeln wir auch auf den Spuren der einstigen Entdecker, deren Expeditionsberichte mich schon vor meiner ersten Reise in ihren Bann zogen und ein regelrechtes Polarfieber in mir entfachten: von Erich von Drygalski, der die erste Forschungsexpedition in die Antarktis leitete und dessen Forschungsergebnisse noch heute von großer Bedeutung sind, da sie eine wertvolle Grundlage für die Untersuchung der Veränderung durch den Klimawandel bieten. Über Fridtjof Nansen, der mit seinem Schiff, der *Fram*, in einer drei Jahre währenden Expedition durch die finstere Polarnacht die Theorie untermauerte, dass das arktische Meereis angetrieben durch Wind und Meeresströmungen driftet, und dessen Reise wir 125 Jahre später mit der *Polarstern* während der MOSAiC-Expedition in nur noch 300 Tagen nachvollzogen. Bis hin zu Ernest Shackleton, dessen waghalsige Expedition – die Durchquerung des antarktischen Kontinents – mit dem Untergang seines Schiffes, der *Endurance*, einen so dramatischen Verlauf nahm und die als legendäre Rettungsaktion in die Annalen der Geschichte einging. An die Erlebnisse dieser Pioniere denke ich oft zurück, wenn wir uns mit unserem modernen Eisbrecher in diese unwirtlichen Regionen begeben. Denn auch wenn die Kälte mich an meine physischen und psychischen Grenzen bringt, weiß ich um unser warmes Schiff im Rücken, das uns auch bei Schneesturm und Kälte ein sicheres Zuhause ist. Ein Luxus, im Vergleich zu damals, als die Männer abends nicht sicher sein konnten, ob ihr Schiff bis zum nächsten Morgen dem enormen Eisdruck standhalten würde. Eines aber hat sich wahrscheinlich in all den Jahren, die zwischen den ersten Expeditionen in die Polarregionen und den heutigen liegen, nicht geändert: die pure Begeisterung für die Polarregionen und der Wille, die gesammelten Eindrücke nach Hause mitzunehmen und die Daheimgebliebenen mit dem Polarvirus anzustecken.

Während bei Drygalski, Nansen, Shackleton und vielen ihrer Kollegen die Entdeckung der Polargebiete sowie die Etablierung erster Polarforschung und ihrer Methoden im Fokus standen, ist unser Antrieb heute die detaillierte Erforschung der eisigen Regionen. Von jeder Expedition bringen wir eine große Menge neuer Proben, Daten und Erkenntnisse mit, um das Zusammenspiel und die vorherrschenden Prozesse zwischen Atmosphäre, Meereis, Ozean und dem Ökosystem besser zu verstehen. Die Forschung ist wichtiger denn je, denn die Polarregionen sind maßgeblich am Klimasystem unserer Erde beteiligt. Schon kleinste Veränderungen in diesem System können große Auswirkungen haben, und diese treten uns Menschen überall auf dem Planeten immer deutlicher vor Augen.

In Antarktis und Arktis beobachten Wissenschaftler*innen verschiedener Disziplinen, dass der Klimawandel alle Sphären erfasst hat: Seien es die steigenden Temperaturen in der Arktis – nirgendwo heizt sich die Erde derzeit schneller auf –, sei es das Abschmelzen der riesigen Eisschilde der Antarktis, die immer wieder auftretende Instabilität von Luft- und Meeresströmungen oder der voranschreitende Rückgang der Artenvielfalt in unseren Meeren – da ist nichts, was nicht von ihm betroffen wäre.

Die Polargebiete sind heute Frühwarnsysteme und zugleich Brennpunkte des Klimawandels. Nirgendwo sonst auf der Erde reagiert das System so empfindlich und direkt. Die Zeichen sind eindeutig. Der Klimawandel ist keine theoretische Bedrohung mehr, sondern eine offensichtliche Tatsache, und die sichtbaren Veränderungen in den fragilen Ökosystemen dieser Erde sind dabei nur Teil einer ganzen Kaskade von Umwälzungen, deren Zeug*innen wir aktuell werden.

Wie schnell diese Veränderungen voranschreiten werden, wie sie sich auswirken, ab welchem Punkt sie unumkehrbar sein werden, das alles können wir nicht mit letzter Sicherheit sagen, auch deshalb, weil wir noch immer wenig über die herrschenden Prozesse in Antarktis und Arktis wissen. Die Veränderungen lassen sich nur aufhalten oder zumindest verlangsamen, wenn wir die Zusammenhänge erkennen und verstehen.

Wir Polarforscher*innen versuchen, die Grundlagen zu erfassen und zu dokumentieren. Als Meereisphysikerin kann ich durch meine Forschung einen wichtigen Beitrag leisten, damit wir besser verstehen, wie groß schon heute der Einfluss des Klimawandels ist. Denn zwar wissen wir, dass die Polarregionen am stärksten von den momentanen Veränderungen im Klimasystem betroffen sind, aber gleichzeitig zeigen Klimamodelle in genau diesen Regionen die größten Unsicherheiten. Umso wichtiger, dass wir in der Arktis und Antarktis regelmäßig Messungen durchführen. Ich erhebe ebenso wie meine Kolleg*innen verlässliche Daten, die in die Berechnung von Klimamodellen einfließen und immer genauere Vorhersagen ermöglichen.

Mein Forschungsgebiet – die Schneedecke auf dem Meereis im Südozean – nimmt dabei eine ganz besondere Rolle ein. Denn der Schnee ist derjenige, der das Meereis vor den vorherrschenden Veränderungen in der Atmosphäre schützt, aber auch zuerst genau darauf reagiert und damit einen Wandel für das darunter liegende Meereis einläutet. Es ist wichtig diese Veränderungen nicht nur aus wissenschaftlicher Sicht umfangreich zu beleuchten, sondern auch unsere daraus gewonnenen Erkenntnisse in die Gesellschaft und damit in die

Politik zu tragen, um gemeinsam Strategien zu entwickeln, wie wir dem Klimawandel entgegenwirken könnten und wie wir uns gleichzeitig an die bereits auftretenden Auswirkungen anpassen werden müssen. Denn der Klimawandel ist da. Wenn wir glauben, das alles sei weit weg von uns und nicht relevant, so irren wir.

Nur wenn wir verstehen, was die Polargebiete für das Klima bedeuten, die Zusammenhänge erkennen und dabei den Planeten nicht aus dem Blick verlieren, ermöglichen wir, dass auch die Kinder zukünftiger Generationen, wenn sie den Kopf neigen, die weiten weißen Flächen auf ihrem Globus im Kinderzimmer entdecken und eine Faszination für diese einzigartigen Gebiete unserer Erde entwickeln können.

TEIL I
Eine dünne Hülle

Heute −42 °C in der Arktis

Wie schon an den vergangenen Tagen steigt der Wetterballon zum 12-Uhr-Termin vom Helikopterdeck aus über der *Polarstern* auf, um eine Wettervorhersage für das Schiff zu treffen. Die Radiosonde am Ballon misst Temperatur, Luftdruck, Luftfeuchtigkeit, Windrichtung und Windgeschwindigkeit. Die Daten werden wir später auch mit dem deutschen Wetterdienst und der ganzen Welt teilen. Das Ergebnis: Heute knackige −42 °C in der Arktis, die gefühlte Temperatur: weit unter −60 °C.

Ich sitze auf einer Meereisscholle irgendwo im Nordpolarmeer, nehme Schneeproben und spüre trotz mehrerer Lagen Kleidung – Wollunterwäsche, Fleece und Schneeanzug –, wie mir die Kälte in die Glieder kriecht. Es ist die niedrigste Temperatur, die ich in der Arktis je erlebt habe. An Bord habe ich noch besonderen Wert darauf gelegt, meine Füße, Gesicht und Hände warm einzupacken, denn das sind bei derart niedrigen Temperaturen, wie wir sie bei unseren Forschungsexpeditionen in Arktis und Antarktis erleben, die kritischen Bereiche, die es besonders zu schützen gilt. Nichts schlägt dabei das Schichten-Prinzip. Für die Füße: Wollsocken, Wärmepads für die Zehen, noch eine Schicht Wollsocken und spezielle Schneeschuhe. Für das Gesicht: eine Gesichtsmaske – oder sogar zwei, wenn es sehr kalt ist, darüber verschiedene Buff-Tücher, die den Mundbereich abdecken, auf dem Kopf eine Wollmütze und die Kapuze. So ist nur noch der Bereich um die Augen und die obere Nasenpartie offen, die man mit einer Skibrille bedeckt. Hilfreich ist auch eine Fettcreme, um sich vor Erfrierungen zu schützen. Damit wir alle unversehrt von unserem Ausflug auf das Meereis zurückkommen, halten wir Ausschau nach roten oder weißen Stellen im Gesicht unseres Gegenübers.

Bleiben noch die Hände. Bei unseren Ausflügen auf das Meereis stecken sie in dick gefütterten Polarfäustlingen, die zwar vor der Kälte schützen, sich bei meiner Arbeit aber als weniger hilfreich erweisen, vor allem, wenn ich meine Messgeräte einstellen will, um die Schneeauflage des Meereises zu untersuchen. Probengefäße öffnen und schließen, die Schneeproben für die chemische Analyse später im Labor sauber halten: mit diesen Dingern eine Unmöglichkeit. Haben Sie schon mal versucht, sterile Plastikhandschuhe über Fäustlinge zu ziehen?

Mir bleibt deshalb auch an diesem Tag nichts anderes übrig, als die warmen Fäustlinge auszuziehen und mit doppelten Wollhandschuhen und den darübergezogenen Plastikhandschuhen zu arbeiten. In solchen Momenten sind Schnelligkeit und Disziplin gefragt. Ich habe nur wenige Minuten, um die nötigen Handgriffe auszuführen und Erfrierungen zu vermeiden. Ich werde kein Risiko eingehen, denn bei einer meiner vorherigen Expeditionen habe ich bei weit höheren Temperaturen von −25 °C gefährliches Lehrgeld bezahlt. An einem meiner Messgeräte klemmte eine kleine Schraube, die ich mit Handschuhen über den Fingern einfach nicht lösen konnte. Aus einem spontan dahingesagten «Ich mach das mal schnell» wurden mehrere Minuten – und schmerzhafte Erfrierungen an den Fingerkuppen. Ich bemerkte die Verletzungen erst, als meine Hände unter Schmerzen wieder wärmer wurden. Seither bin ich vorsichtiger.

Stattdessen hilft mir bei zweistelligen Minusgraden in der Arktis der Tee, den ich in einer Thermoskanne mit ins Feld nehme – er wirkt wahre Wunder beim Auftauen festgefrorener Schrauben. Polarforschung bedeutet auch, unter schwierigen Bedingungen, wie extremer Kälte, kreativ zu werden und sich und anderen bei aufkommenden Problemen schnell und unkompliziert zu helfen. Wir alle sind an jenem Tag heilfroh, als wir von unserem Ausflug auf das Meereis zurückkehren, um uns bei einer Tasse Tee auch von innen aufzuwärmen.

An solchen Tagen, an denen ich durchgefroren und erledigt, aber mit einer großen Menge Probenentnahmen auf das Schiff zurückkehre, fühle ich mich als Teil eines großen Ganzen, das schon eine lange Tradition hat. Seit über 150 Jahren erforschen deutsche Wissenschaftler*innen die Polargebiete. Das erste deutsche Polarforschungsschiff «die *Gauss*» brach 1901 unter der Leitung von Dr. Erich von Drygalski von Kiel aus über Kapstadt in die Antarktis auf. Damals dauerte die Reise noch mehrere Wochen, Zwischenhalte mussten eingeplant werden, und so ganz genau wussten die Expeditionsteilnehmer nicht, wann und wo sie auf die Küstenlinie der Antarktis stoßen würden, und auch nicht, wann oder ob sie nach Hause zurückkehren würden. War es anfangs insbesondere Entdeckergeist, welcher die Menschen in diese entlegenen Regionen unserer Erde verschlug, rückte im Laufe der Zeit die Polarforschung in den Vordergrund.

Die arktische Forschung sei für die Kenntnisse der Naturgesetze von höchster Wichtigkeit, formulierte schon der Geophysiker Carl Weyprecht im 19. Jahrhundert und forderte anstelle von punktuellen Einzelaktionen die dauerhafte, international koordinierte und systematische Erforschung der Polarregionen. Es entstand der geflügelte Satz: «Forschungswarten statt Forschungsfahrten!». Auch der Geophysiker Georg von Neumayer, nach dem die deutschen Forschungsstationen auf dem Ekström-Schelfeis in der Antarktis benannt wurden, war ein Verfechter dieser Idee. Er sah in der internationalen Zusammenarbeit bei der Erforschung der Polarregionen darüber hinaus das Potenzial für einen internationalen Frieden. In Zeiten, in denen sich die politischen Beziehungen verschlechterten, waren es insbesondere Wissenschaftler aus der Polarforschung, die die internationale Zusammenarbeit vorantrieben. Ihnen ging es um Erkenntnisgewinn, darum, Antarktis und Arktis für die Menschheit wissenschaftlich zu erschließen, statt sie zur Durchsetzung wirtschaftlicher Interessen einzelner Staaten zu beanspruchen.

Was die Pioniere der Polarforschung wie Georg Neumayer schon damals forderten, ist in der Antarktis inzwischen Realität geworden: Auf über achtzig Forschungsstationen betreiben Wissenschaftler*innen aus aller Welt zumeist ganzjährige Forschung, und aller Begehrlichkeiten zum Trotz gilt die Antarktis noch immer als Kontinent der Wissenschaft. Obwohl offiziell unbewohnt, leben und arbeiten hier im Sommer bis zu 4000 Wissenschaftler*innen friedlich zusammen. Im antarktischen Winter, wenn die Sonne für einige Monate verschwindet und die Temperaturen auf knapp -50 °C fallen können, sind es nur noch um die tausend, die der Kälte auf den ganzjährig geführten Stationen trotzen.

Es ist von großer Bedeutung, dass wir in diesen unwirtlichen Bedingungen eine internationale Gemeinschaft bilden und unsere Daten zusammenführen, um Erkenntnisse über dieses fragile System zu erlangen. Das Klimageschehen auf der Erde ist bestimmt durch die Wechselwirkung zwischen Atmosphäre, Eis, Ozean und Landoberfläche. Änderungen in diesem komplexen Wärmehaushalt ziehen Veränderungen für den gesamten Planeten nach sich: Die Polarregionen sind gewissermaßen die Kühlkammern der Erde, und gerade dort beobachten wir rasante Veränderungen.

Ich nehme Sie deshalb mit auf eine Tour rund um meinen Globus und zeige Ihnen, was diese beiden auf den ersten Blick einander so ähnlichen Regionen ausmacht und warum es an den Polen unserer Erde eigentlich seit so langer Zeit schon so verdammt kalt ist.

Drehen wir also am Globus und richten den Blick auf die Polarregionen. Sofort erkennen wir, dass sie im Vergleich einen großen und grundlegenden Unterschied aufweisen. Hoch im Norden sehen wir ein kleines, eisbedecktes Meer, das fast vollständig von Land umgeben ist. Es ist ein fast geschlossenes Ozeanbecken, das nur über wenige Wasserstraßen mit den Weltmeeren im Austausch steht. Der Arktische Ozean ist mit 15,5 Millionen Quadratkilometern und durchschnittlich 1200 Metern Wassertiefe der kleinste und flachste Ozean der Welt. Die umliegenden Landmassen Sibiriens, Kanadas und Grönlands schirmen das Nordpolarmeer ab. Diese Barriere setzt auch dem Meereis natürliche Grenzen in seiner winterlichen Ausdehnung, welche heute im März noch rund fünfzehn Millionen Quadratkilometer erreicht. In diesem Prozess der Ausdehnung wird das Meereis übereinandergeschoben oder aufeinandergepresst, was die Dicke des Eises deutlich erhöht. In der Arktis kann es sich zu meterhohen Presseisrücken auftürmen und seltsame Formen bilden. Auf einer unserer Expeditionen in den hohen Norden haben wir auf unserer Heimatscholle, unserem Zuhause auf Zeit, zum Teil Dicken von bis zu zehn Metern gemessen und waren live dabei, wenn sich das Eis bewegte, übereinanderschob, und dort, wo am Tag zuvor noch flaches, begehbares Eis war, sich plötzlich ein kleines Eisgebirge auftürmte. Wer an diesen Eisrücken vorbeiläuft, kann hören und sehen, wie das Eis arbeitet: Kleine Eisbröckchen werden – begleitet von einem anhaltenden Krächzen und Knarren – nach außen gedrückt. In der Arktis herrscht deshalb oft auch eine andere Geräuschkulisse als im Südpolarmeer, wo sich, wie wir noch sehen werden, das Meereis anders verhält als in den nördlichen Polarregionen. Die Gewalt und Macht der Natur hat sich mir hier sehr eindrücklich gezeigt. Das sind Geräusche und Bilder, die ich so schnell nicht vergessen werde. Denn so beeindruckend dieses Schauspiel auch sein mag, so furchteinflößend wirkt es auf mich, führt es mir doch vor Augen, wie schnell sich die Arktis in Zeiten des Klimawandels verändert.

Kältere Temperaturen als während der Expedition im Polarwinter in der Arktis habe ich übrigens vorher noch nicht erlebt. Dabei ist es in den nördlichen Polarregionen eigentlich noch angenehm warm: -35 °C beträgt die durchschnittliche Temperatur, und im arktischen Sommer messen wir immer wieder auch Temperaturen um den Gefrierpunkt.

Aber neigen wir den Kopf und betrachten die Situation auf der Südhalbkugel. Dort sind die Bedingungen wie verkehrt: Nahezu alles ist blau, und mittendrin liegt eine große, weiße Fläche: Über dem Südpol erstreckt sich mit der Antarktis ein riesiger und abgelegener Kontinent. Über 13,5 Quadratkilometer, 1,5-mal größer als Europa, dehnt sich allein die Landmasse des 7. Kontinents aus, an die sich die eisbedeckten Weiten des gefrorenen Südpolarmeers anschließen, das einen Ringozean um das Festland bildet. Bis auf sagenhafte neunzehn Millionen Quadratkilometer wächst das Meereis im Winter an. Im Sommer und unter Einfluss der Wärmestrahlung der Sonne zieht es sich wieder zurück auf zwischen 2 bis 4 Millionen Quadratkilometer. Es ist der kälteste und zugleich der trockenste Ort der Welt, und dennoch hat sich in dieser unwirtlichen Region eine faszinierende Flora - und Fauna! - angesiedelt. Dort unten im Süden liegt meine Forschungsheimat. Bislang haben mich neun Expeditionen dorthin geführt, und eine von diesen fand entgegen des üblichen Rhythmus der *Polarstern* im Winter während der Polarnacht statt. Zu dieser Zeit kann die Temperatur auch mal auf unter -80 °C absinken - jedenfalls im Landesinneren. An der russischen Forschungsstation Wostok wurden am 21. Juli 1983 -89,2 °C gemessen. Es war die niedrigste Temperatur, die jemals auf diesem Planeten verzeichnet wurde. Bei einer Auswertung von Satellitendaten aus den Jahren 2004 bis 2016 fanden Wissenschaftler*innen heraus, dass in Tälern der Hochebene in der Ostantarktis die Oberflächentemperaturen sogar auf -98 °C fallen. Als offizieller Kälterekord ist diese Zahl allerdings nicht anerkannt, da die Messung vom All aus und nicht an einer Wetterstation erfolgte. Im Jahresmittel liegt die Temperatur in der Antarktis aber bei frostigen -55 °C - das ist fast dreimal kälter als ein gängiges Gefrierfach. Dabei fühlt sich die Kälte in der Antarktis oft gar nicht so schlimm an, weil die Luft so trocken ist. Man spürt sie vor allem daran, dass jede Aktivität sehr anstrengend ist. Selbst Reden ermüdet. Die Entschädigung: Die klirrende Kälte erfüllt die Umgebung mit einem besonderen Klang. Wenn man über den Schnee läuft, knirscht und knackt er ganz besonders schön. Und auch mein Rucksack und meine Jacke werden steif und machen ähnliche Geräusche, wenn ich sie anfasse. Fegt dann noch ein leichter Wind über das Eis, verursacht die sanfte Schneedrift ein leises Klirren der Schneekristalle. Geräusche, denen ich trotz der eisigen Kälte stundenlang lauschen könnte.

Dass es an beiden Polen so kalt ist, liegt vor allem auch an der Farbe des Eises. An sonnigen Tagen ist es in den Polarregionen gleißend hell, sodass ich das Eis nicht ohne Sonnenbrille betrete – es blendet einfach zu sehr. Das liegt daran, dass es so weiß ist und einen Großteil der ohnehin schon geringen Wärmestrahlung der Sonne an den Polen reflektiert. Denn je heller eine Fläche ist, desto höher ist ihr Rückstrahlvermögen, das weiße Eis absorbiert also kaum Wärme – bis zu neunzig Prozent der Wärmestrahlung kann eine mit Schnee bedeckte Fläche reflektieren. Dunkle Flächen hingegen nehmen eine Menge der Wärmestrahlung der Sonne auf, sie absorbieren diese. Sie haben diesen Effekt sicher schon einmal am eigenen Leib erfahren, wenn Sie an einem warmen Sommertag statt in einer hellen in einer schwarzen Jeans in der Sonne gesessen haben: Der Stoff heizt sich immer mehr auf, während Sie es in einer weißen Jeans wesentlich besser in der Sonne ausgehalten hätten – ein Effekt namens Albedo. Man kann ihn sich gut merken, denn der Begriff leitet sich ab vom lateinischen Wort «albus» für «Weiße». Je heller eine Fläche ist, desto höher ist ihre Albedo, je dunkler sie ist, desto niedriger ist sie. An den Polen dieser Erde, die von Eis und Schnee bedeckt sind, ist sie besonders hoch. Bildlich gesprochen, wirken die Eisschilde unserer Erde zusammen mit dem Meereis wie zwei große aufgespannte Sonnenschirme, an denen die Wärmestrahlung abprallt.

Dass es in der Antarktis, meiner Forschungsheimat, noch mal kälter ist als in der Arktis, dazu tragen noch andere Faktoren bei – zum Beispiel die besondere und isolierte Lage auf unserem Planeten und inmitten des Südozeans, an dem Polarwirbel, der sie von der warmen Luft aus den Tropen abschirmt und den antarktischen Zirkumpolarstrom antreibt, die mächtigste Meeresströmung unseres Planeten, und natürlich an ihrer einzigartigen Geografie, den riesigen Eisschilden, die in weiten Teilen über 3000 Meter über dem Meeresspiegel aufragen und die Antarktis zu dem höchsten Kontinent dieser Erde machen.

Nehmen wir unseren Globus mal in die Hand und richten den Blick von oben auf die Antarktis: Insgesamt liegt sie in einer Art Kreisform vor uns, und dennoch sieht man sofort, dass sie sich in zwei Teile gliedert. Da sind zum einen die Weiten der Ostantarktis, die höchstgelegene, kälteste und trockenste antarktische Region, und die Westantarktis, von der sich ein Teil weit in Richtung der Spitze von Südamerika ausstreckt. Sie ist geprägt von sogenannten marinen Eisschilden, was bedeutet, dass hier der Großteil der Region unter dem Meeresspiegel liegt. Wie an einer Perlenschnur aufgereiht, ragen zwischen diesen beiden Teilen der Antarktis die Gipfel des Transantarktischen Gebirges auf – einer 3500 Kilometer langen Perlenschnur. Teile dieses Gebirges zählen zu den drei Prozent der Antarktis, die aufgrund ihrer Lage und regionaler Wetterbedingungen eisfrei sind – man nennt sie deshalb auch Trockentäler oder antarktische Oasen.

Zoomen wir mal näher rein: Sofort fallen uns neben den eisfreien Regionen die vielen Forschungsstationen ins Auge, die meisten liegen hier aus logistischen Gründen an der Küste des Kontinents. Außerdem sehen wir die hoch aufragenden Gletscher, deren Eis in großen Bahnen an den Küsten der Antarktis in Richtung Meer fließt und dort als sogenanntes Schelfeis über die Landmasse hinaus in die vereisten Randmeere ragt. Östlich der antarktischen Halbinsel auch in das größte Meer unter ihnen: das Weddellmeer. Noch näher heran, vielleicht erkennen wir die *Polarstern*, die auf einer ihrer jährlichen Expeditionen hier unterwegs ist und von der aus Wissenschaftler*innen das gekoppelte Klimasystem der Region erforschen: Von der Atmosphäre durchs Meereis hinein in den Ozean bis hinab zum mehrere tausend Meter tiefen Meeresboden wird alles untersucht. Dabei interessieren wir uns insbesondere für die Wechselwirkung des Weddellmeeres mit den angrenzenden Eisschelfen – vor allem jetzt, da ein Trend nachgewiesen werden konnte, der sich wohl nicht mehr aufhalten lässt: die Erwärmung der Wassermassen in der Tiefe des Weddellmeers.

Aber zoomen wir vorerst wieder aus unserer Nahaufnahme heraus, verlassen die Antarktis und folgen der *Polarstern*, die sich gegen Ende März dem Lauf der Sonne folgend wieder auf den Weg in Richtung Arktis macht – mit Zwischenstopp in ihrer Heimat Bremerhaven. Dort ist mit dem Alfred-Wegener-Institut die deutsche Polarforschung zu Hause. Gegründet wurde das Institut 1980. Es ist nach dem deutschen Polarforscher und Entdecker der Kontinentaldrift Alfred Wegener benannt. Mittlerweile arbeiten dort über tausend Mitarbeiter*innen. Von dort macht sich unser Eisbrecher auf, die Polargebiete zu erkunden. Von Juni bis September, im arktischen Sommer, fährt er durch das Nordpolarmeer, während Schnee und Eis Tag und Nacht in das Licht der Sonne getaucht sind – na ja, wenn es nicht wieder so nebelig ist wie üblich. Nur knapp erscheint die Sonne dann über dem Horizont, um im Verlauf des Tages an diesem entlangzuwandern. Unter solchen Bedingungen stellt sich in taghellen Nacht eine ganz besondere Stille ein, als schaute man der Natur beim Schlafen zu. Zwar steigen die Temperaturen in der Arktis wie auch in der Antarktis während des sogenannten Polarsommers stark an, dennoch bleibt es kalt, denn durch die Kugelform unserer Erde ist der Winkel der einfallenden Sonnenstrahlung an den beiden Polen sehr flach. Noch dazu steht die Rotationsachse der Erde um die Sonne nicht senkrecht zur Umlaufbahn, sondern in einer Neigung von 23,4 Grad. Das ist der Grund für die Jahreszeiten in unseren Breiten und warum wir im Winter den Sonnenstand im Verlauf des Tages anders sehen als im Sommer. In den Polargebieten sind die Auswirkungen der geneigten Erdachse aber am deutlichsten zu spüren. Frühling oder Herbst gibt es nicht. Dafür dauern Winter und Sommer jeweils ein halbes Jahr. Geht die Sonne dort im Sommer nicht unter, geht sie im Winter gar nicht erst auf – in der Polarnacht liegt sie im Dunkeln, es wird bitterkalt, und man kann dem Ozean dabei zusehen, wie er Stück für Stück weiter gefriert. Eine Zeit lang ist dann noch ein kleiner Lichtschimmer von der hinter dem Horizont verborgenen Sonne zu sehen, was die Eiswelt ein jedes Mal in ein atemberaubendes und unwirkliches Farbspektrum taucht. Wenn ich an meine erste Expedition in die Polarnacht zurückdenke, habe ich es sofort wieder vor Augen: das Farbenspiel, das sich uns Tag für Tag auf der Fahrt bot. Über Stunden waren Eis, Ozean und Himmel in sich ständig wandelndes Orange und Rot getaucht, bis es dann von Tag zu Tag immer dunkler und dunkler und bitterkalt wurde. Beobachtet man das Wachsen des Meereises im Wandel der Jahreszeiten, wie es sich im Winter ausdehnt und dann im Sommer wieder zurückzieht, sieht es so aus, als würden Arktis und Antarktis tief ein- und ausatmen. Unsere Messungen in den Sphären dieser Erde zeigen uns, dass dieser Atem flacher geht. Das Eis verändert sich in seiner Ausdehnung, seiner Festigkeit und Weiße und damit auch in seiner Fähigkeit, die Wärme der Sonne zu reflektieren. Machen wir uns bewusst: Dass die Temperaturen in diesen Regionen so lebensfeindlich sind, sodass wir Menschen uns nur besonders gut geschützt und sehr vorsichtig durch diese Regionen bewegen können, das trägt mit dazu bei, dass auf unserem Planeten in den meisten anderen Regionen für uns Menschen so freundliche Bedingungen herrschen. Sehen wir uns also an, was diese Veränderungen für unseren Planeten bedeuten. Folgen Sie mir nach unserer Reise durch den Raum nun weit zurück in eine Zeit, da die Welt uns ein gänzlich anderes Gesicht zeigte. Es gibt einiges zu sehen! Was wir für diese Zeitreise brauchen? Erde, Eis – und einen geeigneten Bohrer.

Ein Regenwald am Südpol

Im Frühjahr 2017 kam ein internationales Forschungsteam mit einer Sensation von einer *Polarstern*-Expedition nach Hause. Meine Kolleg*innen lagen mit dem Forschungsschiff vor dem westantarktischen Pine-Island-Gletscher, um Bohrkerne vom Boden der Tiefsee zu entnehmen. Einen Sedimentbohrkern aus einer solchen Tiefe zu ziehen, ist ein schwieriges Unterfangen. Die *Polarstern* musste zwei Tage auf der Stelle stehen, ohne dass Meereisschollen oder Eisberge die Probeentnahme störten. Eine anspruchsvolle Aufgabe für die Nautiker auf der Brücke, deren präzise Arbeit aber für glückliche Gesichter auf dem Arbeitsdeck des Schiffes sorgte. Ein erhaltener Bohrkern löste nämlich schon bei der ersten Begutachtung an Bord im Nasslabor Aufregung aus, da in einer Bodentiefe von 27 bis 30 Metern eine ungewöhnliche Färbung zu erkennen war. Wie außergewöhnlich dieser Fund war, zeigte sich, als der Sedimentkern in einem Computertomografen genauer untersucht wurde. Die Forscher*innen konnten ein gut konserviertes Wurzelgeflecht erkennen und Pollen und Sporen verschiedener Gefäßpflanzen, darunter auch Spuren von Blütenpflanzen! Die Funde deuteten darauf hin, dass der Küstenbereich der Westantarktis in der mittleren Kreidezeit, vor etwa 92 bis 83 Millionen Jahren, einer bewaldeten Sumpf- und Moorlandschaft glich. Zwischen Tümpeln am Boden wuchsen Farne, Moose und Blütenpflanzen, eine Ebene darüber ragten Baumfarne und Nadelhölzer empor.

Die Wissenschaftler*innen waren auf einen ursprünglichen, erhaltenen Waldboden aus der Kreidezeit gestoßen.

Die mittlere Kreidezeit, vor ungefähr 115 bis 80 Millionen Jahren, aus der die Schicht des Bohrkerns stammt, war eine der wärmsten Phasen der Erdgeschichte. Forschungen haben gezeigt, dass die Oberflächentemperatur der tropischen Meere vermutlich bis zu 35 °C betrug und der Meeresspiegel wahrscheinlich 170 Meter höher lag als heute. Völlig unklar war jedoch lange, ob bei solchen Umweltbedingungen überhaupt noch polares Eis vorhanden war. Die Antarktis lag auch schon in der Kreidezeit am Südpol, was bedeutet, dass dort auch damals länger als vier Monate Polarnacht herrschte und damit das Sonnenlicht zur Fotosynthese für die Pflanzen fehlte. Wie konnte es dann sein, dass dort ein artenreicher Regenwald wuchs? Um diese Frage zu beantworten, simulierten Wissenschaftler*innen die klimatischen Bedingungen mit heutigen Pflanzen, die mit den fossilen Pflanzen im Bohrkern verwandt sind. Außerdem konnten sie mithilfe der Funde die passende Temperatur und Niederschlagsmenge für die damals vorherrschende Vegetation rekonstruieren. All das lieferten die südlichsten je gewonnenen Klima- und Umweltdaten aus der Kreidezeit. Die Sedimentkernprobe von 2017 hat somit ein neues Fenster in die Klimageschichte der Antarktis geöffnet.

Die Ergebnisse zeigten, dass in der Kreidezeit in der Antarktis ein gemäßigtes Klima herrschte. Damit konnte zum ersten Mal gezeigt werden, dass die Südpolarregion zu jener Zeit eisfrei gewesen sein muss. Klimamodelle errechneten, dass dies so nahe am Pol nur dann der Fall sein konnte, wenn der Kontinent von einer dichten Vegetation bedeckt war, keine großen Eisschilde vorhanden waren und die Konzentration des Treibhausgases Kohlendioxid in der Atmosphäre deutlich höher lag, als bisherige Klimamodellierungen vermuten ließen. Nur durch diese hohen Kohlendioxidwerte war es möglich, dass trotz Polarnacht und der damit einhergehenden, fehlenden Sonneneinstrahlung ein gemäßigtes Klima ohne dauerhafte Eisdecke entstehen konnte. Diese Studie macht deutlich, welche gravierenden Auswirkungen das Treibhausgas Kohlendioxid hat und wie bedeutend die Kühleigenschaft der heutigen Eisschilde für den Kontinent ist.

Ein mildes Klima herrschte in der Antarktis bis vor vierzig bis fünfzig Millionen Jahren – wohlgemerkt, obwohl sie schon damals für mehrere Monate im Dunkeln lag. Anhand von einem Sedimentkern, wie die Wissenschaftler*innen ihn gezogen haben, können wir also nicht nur rekonstruieren, wie der Boden damals beschaffen war, welche Vegetation es gab, wir können auch das Klima rekonstruieren, das auf unserem Planeten alles andere als konstant war. Vielmehr wechselt es seit Millionen von Jahren zwischen zwei Extremen: Eiszeiten und Warmzeiten. Eine neue Studie, die von einem Kollegen am AWI geleitet wurde, zeigt, dass der Wechsel zwischen den beiden Zuständen in den vergangenen 2,6 Millionen Jahren nicht regelmäßig vonstattenging. Wann immer sich die Erde jedoch in den Eiszeiten befand, waren neben den Polargebieten große Teile Europas, Asiens, Japans und Nordamerikas von Eis bedeckt. Die letzte Eiszeit ging vor etwa 10 000 Jahren zu Ende. Damals war so viel Wasser als Eis gebunden, dass der Meeresspiegel rund 130 Meter unter dem heutigen Niveau lag. Zeugen dieser Zeit sind mit den Eisschilden an den Polen noch immer vorhanden. Auch sie sind wichtige Zeitzeugen der Klimageschichte.

Je tiefer man in dieses Eis hineinschaut, desto weiter lässt es uns in die Vergangenheit blicken. Dafür bohren Glaziolog*innen mit einer ausgeklügelten Technik lange Säulen aus dem Eis – Eisbohrkerne. Die Eiskerne, die aus dem Landeis der

Antarktis oder Grönland gewonnen werden, bieten uns wortwörtlich tiefe Einblicke. Wenn sich hier Firnschnee zu Eis verdichtet, wird auch der jeweilige Anteil der Treibhausgase eingeschlossen und konserviert. Werden die Eiskerne später analysiert, können Wissenschaftler*innen verschiedener Disziplinen daraus die chemische Zusammensetzung der Atmosphäre rekonstruieren. Auch Vulkanausbrüche oder große Waldbrände hinterlassen ihre Spuren in Schnee und Eis. Anhand dieser, zum Teil mit bloßem Auge sichtbaren, Schichten können die Eiskerne dann genau datiert werden.

Die bisher ältesten Eiskerne wurden im Rahmen des europäischen Projektes EPICA, «European Project for Ice Coring in Antarctica», geborgen. Durch sie haben Wissenschaftler*innen Einblick in 800000 Jahre Klimageschichte.

Die Erkenntnisse, die dieser Forschungszweig zutage fördert, motivieren zweifelsohne, noch weiter zurückzublicken. Und so hat im November 2021 das Nachfolgeprojekt «Beyond EPICA - Oldest Ice» begonnen. Mit dem hier gewonnenen Eiskern wollen die Forscher*innen in bis zu 1,5 Millionen Jahre Klimageschichte zurückblicken.

Am Ende der letzten Eiszeit schmolzen die antarktischen Eismassen sehr schnell. Damals verlor das Schelfeis vierzig bis fünfzig Meter am Tag – mehr als zehn Kilometer im Jahr. Gegenwärtig befindet sich die Erde in einer Warmzeit – wir haben ein Klima mit gemäßigten Temperaturen im Sommer und relativ milden Wintern, während die globale Temperatur kontinuierlich seit der letzten Eiszeit steigt.

Haben Klimawandelskeptiker also recht, wenn sie behaupten, dass die Klimaerwärmung, die wir seit 180 Jahren verzeichnen, ein natürlicher Vorgang ist? Es stimmt: Seit dem Ende der Eiszeit ist die weltweite Temperatur um rund 5 °C gestiegen. Allerdings im Ablauf von mehr als 10000 Jahren!

Der anthropogene Klimawandel seit Beginn der Industrialisierung hat zu einem Temperaturanstieg von 1,1 °C in nur 150 Jahren geführt. Andere Berechnungen gehen schon von 1,2 °C aus. Seit Mitte des zwanzigsten Jahrhunderts finden viele unterschiedliche und relativ schnelle Klimaänderungen statt, die in den zurückliegenden Jahrtausenden noch nie auftraten. Auf der Nordhalbkugel war der Zeitraum von 1991 bis 2020 der wärmste seit mehr als 100 000 Jahren – Tendenz rasant steigend. Diese Erwärmung ist kein lokales Phänomen, sondern betrifft die meisten Regionen unserer Erde. Noch nie hat sich das Klima an so vielen Orten gleichzeitig erwärmt.

Verantwortlich dafür, das wissen wir spätestens seit den frühen 1980er-Jahren, ist der zunehmende Treibhauseffekt in unserer Atmosphäre. Eigentlich macht der natürliche, also nicht durch uns Menschen verursachte, Treibhauseffekt das Leben in seiner heutigen Form auf unserem Planeten erst möglich. Wie bei einem Gewächshaus dringt die Wärmestrahlung der Sonne in die Erdatmosphäre ein, und verschiedene Gase, die sogenannten Treibhausgase, tragen dazu bei, dass diese Strahlung nicht ungehindert wieder in das Weltall zurückstrahlt. Ohne diesen Treibhauseffekt betrüge die durchschnittliche Temperatur auf unserem Planeten −18 °C. Die wichtigsten Treibhausgase sind Wasserdampf, Kohlendioxid, Methan, Fluorkohlenwasserstoffe und Lachgas. Durch die verstärkte Einbringung der von Menschen verursachten Treibhausgase in die Atmosphäre prallen immer mehr langwellige Strahlen der Sonne an diesen Gasen ab, statt zurück ins Weltall zu strahlen, und gelangen zurück auf die Erde, wo sie Boden, Wasser und Luft erwärmen.

Vor allem das Kohlendioxid ist mit Beginn der Industrialisierung vor 150 Jahren zum Problem geworden. Damals haben wir Menschen damit begonnen, fossile Brennstoffe, Kohle,

Öl und Gas, aus der Erde zu holen und sie in großem Maßstab zu verbrennen – um Wärme zu erzeugen, Maschinen anzutreiben oder Güter zu produzieren. Dabei bringen wir seither kontinuierlich Kohlendioxid in die Atmosphäre ein, das zuvor dort nicht vorhanden war. Denn unsere fossilen Energielieferanten sind in Jahrmillionen durch Abbau- und Transformationsprozesse aus abgestorbenen Pflanzen und Mikroorganismen entstanden, und das in ihnen gebundene Kohlendioxid wurde so der Erdatmosphäre entzogen. Ob wir das Licht einschalten, die Heizung aufdrehen, eine warme Dusche nehmen, uns einen Kaffee kochen, ein Butterbrot essen oder in unser Auto, den Bus, die Bahn steigen, um zur Arbeit zu gelangen und dort den Computer einzuschalten – Tag für Tag setzen wir dieses CO_2 wieder frei und führen es der Atmosphäre zu. Längst hängt das Leben, so wie wir vor allem in den Industrienationen gewohnt sind, es zu führen, davon ab, dass diese Stoffe weiterhin verbrannt werden. Aber auch darüber hinaus, durch den intensivierten Abbau von Nahrungspflanzen, durch Rodung der Wälder, durch den Einsatz von Kunstdünger und vor allem bei der Fleischproduktion entsteht zusätzliches CO_2. Während die globale Konzentration von Kohlendioxid in den 10 000 Jahren vor der Industrialisierung annähernd konstant war, haben wir es durch unsere Lebensweise geschafft, sie um 44 Prozent zu erhöhen. Von 280 parts per million (ppm) zu Beginn der Industrialisierung stieg der Anteil von Kohlendioxid in der Atmosphäre auf 412,5 ppm im Jahr 2020 an. Das National Oceanic and Atmospheric Administration Observatorium auf dem Mauna Loa in Hawaii meldete mit einem Monatsdurchschnitt von 419,13 ppm für Mai 2021 die höchste jemals gemessene CO_2-Konzentration. Die Kohlendioxidkonzentration in der Atmosphäre ist also so hoch, wie sie schon seit zwei Millionen Jahren nicht mehr war.

Mit fatalen Folgen: Denn ist das Treibhausgas einmal in die Atmosphäre gelangt, baut sich Kohlendioxid im Gegensatz zu vielen anderen Stoffen nicht wieder ab. Teile des freigesetzten Kohlendioxids werden zwar vorübergehend in natürlichen Reservoirs gespeichert – sogenannten Kohlenstoffsenken –, aber diese können nicht so schnell Kohlendioxid aufnehmen, wie wir es in die Atmosphäre blasen, sodass die Konzentration dort weiter steigt. Durch die Verbrennung fossiler Energieträger wie etwa Öl, Kohle und Gas, durch das verstärkte Einbringen von Treibhausgasen haben wir die Atmosphäre, die unsere Erde in einer dünnen Schicht umgibt, derart verändert, dass sich entscheidende Funktionen verändern. Auch unser Eingreifen in die Erdoberfläche, durch die ausgedehnte Besiedlung, die intensive Bewirtschaftung und industrielle Nutzung des Landes und der Meere, wirkt sich auf das Klima aus.

Wir wissen, dass sich unser Planet um mehrere Grad aufheizen wird, und den Polarregionen geht es dabei am stärksten an den Kragen: Seit 1971 hat sich die Arktis dreimal schneller erwärmt als der Rest unseres Planeten. Und mit jeder weiteren Erwärmung der Atmosphäre wird der Zustand hier, wie auch in Teilen der Südpolarregion, immer kritischer. Im Ablauf der letzten fünfzig Jahre hat sich dort vor allem die Westantarktis aufgeheizt, der Teil, der sich weit in Richtung Südspitze Südamerikas ausstreckt. Im Mittel sind die Temperaturen dort um 2,6 °C angestiegen. In der Ostantarktis hingegen stiegen die Temperaturen im Mittel kaum an, sodass die Erwärmung für den gesamten Kontinent nur trügerische 0,12 °C beträgt. Grundlage für diese Berechnungen bilden die von Meteorlog*innen im Feld und in Observatorien erhobenen Daten. Auch die Wetterdaten an der Neumayer-Station III fließen in diese langfristigen Beobachtungen des Wetters ein. So nehmen die Meteorolog*innen zum Beispiel kontinuierliche Zeitreihen der Lufttemperatur, der Luftfeuchte, des Luftdrucks und der Windgeschwindigkeit und -richtung auf. Haben sie das über einen Zeitraum von mindestens dreißig Jahren getan, können sie anhand dieser langfristigen Wetterdaten Aussagen über das Klima einer Region treffen. Um diese Daten nicht nur am Boden zu erfassen, werden zusätzlich mehrfach täglich Radiosonden an einem Wetterballon gestartet, die diese Parameter im Vertikalprofil durch die Atmosphäre aufnehmen. Auch die Ozonschicht messen wir regelmäßig. Denn Spurengase und Luftverunreinigungen sind wichtige Parameter für das Klima und werden daher an der deutschen Forschungsstation fortlaufend untersucht. Auf dem Ekström-Schelfeis zeigen die Temperaturen seit Beginn der Aufzeichnungen im Jahr 1981 keinen signifikanten Trend. Die Prognosen für die Antarktis sehen aber dennoch ebenso verheerend aus wie für die Arktis: Bei einer durchschnittlichen globalen Erwärmung um 2 °C werden die Temperaturen in den Polarregionen um bis zu 4 °C und mehr steigen. Der Schlag des Schmetterlingsflügels, er liegt schon weit zurück, die Auswirkungen sind in der Arktis und Antarktis in besonderer Weise sichtbar, und auch wir bekommen sie zu spüren: Was in den Polarregionen geschieht, das wird nicht auf sie beschränkt bleiben. Es gibt nur eine Atmosphäre, und über diese sind wir auch mit den scheinbar so entlegenen und isolierten weißen Welten verbunden.

Mit dem Wind um die Welt

Es war im April 2020, während meiner letzten Expedition in die Arktis, als ich es zum ersten Mal selbst erlebt habe. Wir gingen wie gewohnt unserer Arbeit auf dem Meereis nach, als er einsetzte: der Regen. Während uns wenige Wochen zuvor noch die eisige Kälte den Atem am Schal und in den Haaren gefrieren und sich der Schnee kaum zu einem Ball formen ließ, weil er zu trocken war, herrschten plötzlich gänzlich andere Bedingungen. Unsere Anzüge und die Ausrüstung wurden von außen feucht und klamm und der Schnee nahezu nass – ein feuchtes Intermezzo mit Folgen. Als die Temperaturen wenig später wieder fielen, gefror der angefeuchtete Schnee an der Oberfläche und bildete eine Glasur. Wenngleich wunderschön anzusehen – ein solches «Regen-auf-Schnee-Ereignis» hat natürlich Folgen für den Schnee und für das Meereis. Der Schnee verliert dadurch seine Weiße, reflektiert weniger Sonnenlicht und nimmt die Energie stattdessen auf, erwärmt sich, schmilzt und verliert seine isolierende Wirkung für das Meereis darunter. Im Kleinen zeigt sich hier, was es bedeutet, wenn es an den Polen wärmer wird.

Durch die Erwärmung der Atmosphäre und das Schmelzen des Eises verändert sich in der Arktis das Wetter – die Niederschläge nehmen zu. Eigentlich fallen in der Hohen Arktis nicht mehr als 200 Millimeter Niederschlag, der üblicherweise noch dazu als Schnee auf die Erde fällt. Inzwischen wird aber bis zum Ende des 21. Jahrhunderts ein Anstieg der

Gesamtniederschläge um zwanzig Prozent erwartet. Statt in Form von Schnee fallen diese aufgrund der globalen Erwärmung in der Arktis immer öfter in Form von Regen. Schon jetzt ist er keine Seltenheit mehr, und Wissenschaftler*innen prognostizieren, dass es in einigen arktischen Regionen bis zum Ende des Jahrhunderts in jedem Monat des Jahres regnen wird. Diese Prognosen und unsere Beobachtungen vor Ort nähern sich immer mehr an.

Dabei ist es gar nicht so leicht, aus einzelnen Wetterphänomenen Trends abzuleiten, denn Wetter ist ein kurzfristiges Phänomen. Es beschreibt den Zustand der Atmosphäre an einem bestimmten Ort zu einer bestimmten Zeit. Da es auf den physikalischen Grundlagen der Naturgesetze beruht, lässt es sich zumindest für den nächsten Tag mit einer Eintreffgenauigkeit von neunzig Prozent voraussagen. Meteorolog*innen vergleichen dazu den aktuellen Zustand der Atmosphäre mit vergangenen Ereignissen und leiten daraus das Wetter in der Zukunft ab. Für Deutschland liegen verlässliche Temperaturdaten erst seit 1881 vor, und erst seitdem können auch Temperaturmittelwerte berechnet werden. Wenn Sie also irgendwo lesen: «Der kälteste Februar seit Beginn der Wetteraufzeichnungen», so sind Daten ab 1881 gemeint. Die zehn wärmsten Jahre in Deutschland traten zum Beispiel bisher alle nach der letzten Jahrtausendwende auf.

Auch in den Polarregionen beobachten wir das Wetter. Für die Meteorolog*innen an Bord der *Polarstern* oder auf der Neumayer-Station III ist dies aber eine größere Herausforderung als für ihre Kolleg*innen in Deutschland. Grund ist, dass es hier wesentlich weniger Messstationen und damit Messdaten gibt, die zur polaren Wettervorhersage beitragen. Einer der wichtigsten Bausteine ist daher die lokale Wetterbeobachtung.

Einerseits wird dafür zum Beispiel die Lufttemperatur, der Luftdruck, die Windrichtung und -geschwindigkeit, der Niederschlag und die Sichtweite von Messgeräten an Deck des Schiffes oder auf dem Wettermast auf dem Eis gemessen. Zusätzlich werden Parameter wie der Bedeckungsgrad, die Art der Wolken oder auch die Art des Niederschlages regelmäßig beobachtet. Um nicht nur die atmosphärischen Bedingungen am Boden zu beschreiben, sondern auch den Zustand in größerer Höhe, wird einmal täglich ein Wetterballon mit einer Radiosonde gestartet. Dieser steigt bei guten Bedingungen bis in die Stratosphäre auf. Die Daten aus den unterschiedlichen Höhenschichten sind eine wichtige Grundlage für die Wettervorhersage. Die Radiosonde selbst ist ein kleines Messgerät, das die oben genannten Parameter verzeichnet und sie zur Bodenstation funkt. Wetterballon-Aufstiege dieser Art sind weltweit koordiniert und finden immer zeitgleich statt. Dafür wird an der Neumayer-Station III und auf der *Polarstern* der Ballon jeden Tag um elf Uhr UTC gestartet, damit er um zwölf Uhr UTC ungefähr in zehn Kilometer Höhe ist. Während des Aufstiegs werden die gemessenen Werte alle fünf Sekunden zur Bodenstation gefunkt. Bei Stürmen ist der Aufstieg eines Wetterballons eine echte Herausforderung. Der Ballon zieht und zerrt in alle Richtungen und ist nur schwer unter Kontrolle zu bringen. In der Antarktis finden solche Radiosondenaufstiege tatsächlich schon seit den 1950er-Jahren statt und bilden seit 1983 einen festen Bestandteil der Langzeitobservation an der deutschen Überwinterungsstation – und erst diese Langzeitmessungen sind es, die Rückschlüsse auf das Klima zulassen und aus denen Wissenschaftler*innen Trends ableiten.

Denn während es sich beim Wetter um eine eher kurzfristige Angelegenheit handelt, ist das Klima per Definition langfristig. Es bezeichnet den typischen Wetterverlauf an einem bestimmten Ort, gemessen über einen Zeitraum von mindestens dreißig Jahren. Das Klimasystem besteht aus verschiedenen Komponenten, wie der Atmosphäre, den Ozeanen, dem Boden, der Biosphäre und der Kryosphäre, die im Austausch miteinander stehen.

Beim Klima schauen wir Wissenschaftler*innen zuerst in die Vergangenheit, wie wir es im vorausgegangenen Kapitel getan haben. Wie war das Klima vor hundert, vor tausend, vor zehntausend Jahren? Verlässliche Daten erhalten wir durch Messreihen und durch Auswertungen historischer Wetteraufzeichnungen. Das reicht allerdings nicht sehr weit in die Vergangenheit. Paläoklimatolog*innen finden Hinweise in der fossilen Tier- und Pflanzenwelt, im Gestein und in den Eisschilden der Polarregionen. All diese Ergebnisse werden in die Computermodelle gespeist und so die klimatischen Entwicklungen der Vergangenheit simuliert, auf die Zukunft angewendet und allgemeine Trends berechnet. Wir haben keine Kristallkugel, mit der wir in die Zukunft sehen können, doch die weltweite wissenschaftliche Zusammenarbeit ermöglicht mittlerweile durch den Vergleich und die Kombination unterschiedlicher Berechnungsmodelle eine sehr verlässliche Simulation unseres Klimasystems.

Je mehr Daten unterschiedlicher Parameter, wie zum Beispiel Temperatur, Luftdruck aber auch Meeresströmungen oder Emission von Treibhausgasen, vorhanden sind, umso genauer kann ein Modell die Zukunft berechnen. Unsere Erde wird dazu mit einem dreidimensionalen Gitternetz überzogen, der Globus meines Bruders in ein Einkaufsnetz gepackt. Ein Netz mit Tausenden von Maschen. Je kleiner die Maschen, umso genauer sind die Vorhersagen. Umso leistungsstärker muss allerdings auch der Rechner sein, der diese Modelle erstellt. Am Alfred-Wegener-Institut in Bremerhaven ist es gelungen, das Netz so zu stricken, dass die Maschenweite an verschiedenen Stellen unterschiedlich groß gewählt werden kann. Das Netz ist damit so flexibel, dass besonders klimarelevante Gebiete wie der Golfstrom genauer betrachtet werden können, ohne dass dabei der Rechner in die Knie geht. Denn bei der Entwicklung solcher Klimamodelle werden häufig Datenmengen von mehreren Terabyte erzeugt und analysiert. Der Superrechner des AWI schafft 413 300 000 000 000 Rechenoperationen pro Sekunde! Auch wenn die Computersimulationen immer besser und immer genauer werden, prognostizieren sie lediglich eine Entwicklung, wie zum Beispiel: «Es wird mehr regnen» oder «Die Durchschnittstemperaturen werden steigen».

Regen-auf-Schnee-Ereignisse, wie ich sie in der Arktis miterlebt habe, können das Ergebnis des Durchzugs einer Warmfront sein. Solche Ausreißer, untypische Wetterereignisse, kommen vor, es gab sie schon immer. Aber in der Häufung, wie wir sie in den vergangenen Jahren in der Arktis beobachten, sind diese Wettererscheinungen besorgniserregend und deuten auf einen Trend hin, der weitreichende Folgen für das Eis der Arktis hat.

So fiel im Jahr 2021 Mitte August über einen Zeitraum von mehreren Stunden Regen über dem höchsten und zentralen Punkt des grönländischen Eisschilds, wo die Temperaturen für kurze Zeit über dem Gefrierpunkt lagen. Wohlgemerkt: 3216 Meter über dem Meeresspiegel. In Süd- und Westgrönland hielten Wärmeeinbruch und Regenfälle noch länger an, und das alles führte zu einem Eisverlust, der die üblichen Verluste um ein Vielfaches überstieg.

Dass sich das Wetter in der Arktis durch die steigenden Temperaturen ändert, ist schon jetzt nicht mehr beschränkt auf die Arktis – auch in anderen Regionen unserer Erde häufen sich Extremwetterereignisse. In den letzten fünfzig Jahren ist ihre Zahl in einigen Teilen der Erde um das Fünffache angestiegen, so eine Studie der World Meteorological Organization (WMO). Die Zahlen sprechen eine deutliche Sprache: In den 1970er-Jahren kam es pro Jahr durchschnittlich zu 711 Extremwetterereignissen. In den 2010er-Jahren lag der Wert schon bei 3165 im Jahr.

Und diese erhobenen Daten stimmen eben auch mit den Prognosen der Klimamodelle überein: die etwa Starkregenereignisse mit «beispiellosem» Ausmaß für die Zukunft voraussagen – und auch davon, dass wir es auf unserer Erde mit Hitzewellen, Dürren und tropischen Wirbelstürmen verstärkt zu tun bekommen, gehen die Wissenschaftler*innen aus. Nun könnten Sie sich fragen: Ja, gut, was geht mich das Wetter an den Polen an? Eine Menge! Denn das Wetter in der Arktis, vor allem wie warm oder kalt es ist, spielt nicht nur für uns Forscher*innen vor Ort eine große Rolle, sondern wirkt sich vermittelt über die globalen Windsysteme auch auf das Wetter in unseren Breiten aus.

Nehmen wir noch einmal den Globus meines Bruders zur Hand und stellen uns vor, dass wir auch die Atmosphäre, die ihn umgibt, betrachten könnten. Wir sehen, dass kalte und warme Luftmassen in der Atmosphäre aufsteigen oder absinken und in Bahnen um unseren Planeten strömen. Diese Luftmassen sind in ständiger Bewegung.

Richten wir den Blick auf den Norden, sehen wir, dass zwischen dem 40. und dem 60. Breitengrad und in einer Höhe von zwischen acht bis zehn Kilometern ein recht stabiler Höhenwind mit Geschwindigkeiten von 200 bis 500 Kilometern pro Stunde um den Globus pfeift: Das ist der sogenannte Polarfront-Jetstream, im Volksmund auch kurz und knapp «der Jetstream» genannt.

Wer den Jetstream im Rücken hat, der schafft es sehr viel schneller über den Atlantik und spart zudem noch Treibstoff. Normalerweise fliegt ein Flugzeug in einer Höhe von zehn Kilometern etwa mit einer Geschwindigkeit von 900 Stundenkilometern. Fliegt es mit dem Jetstream, addiert sich die Windgeschwindigkeit zur Eigengeschwindigkeit dazu, wodurch immer wieder neue Rekordgeschwindigkeiten erreicht werden. Im Februar 2020 gelang es drei Maschinen die 5554 Kilometer von New York nach London auf eine neue Rekordzeit von unter fünf Stunden zu verkürzen, da der Jetstream von einem Orkantief noch beschleunigt wurde.

Dass der Jetstream in solchen Geschwindigkeiten um den Globus pfeift, liegt an den herrschenden Temperaturunterschieden zwischen der Arktis und den Tropen. Während sich im Winter in der Arktis durch die fehlende Einstrahlung der Sonne der sogenannte Polarwirbel bildet, eine sehr kalte Luftmasse, in der Temperaturen von bis zu -80 °C herrschen können, ist die Luft an den Tropen durch die nahezu senkrechte Sonneneinstrahlung sehr warm. Die Luft am Äquator dehnt sich ob dieser Wärme aus, sie wird dadurch dünner und leichter und steigt in der Atmosphäre auf. Am Boden entsteht durch diese Aufwärtsbewegung ein Tiefdruckgebiet – das heißt, die Luft ist hier weniger dicht. Das bringt sie in Bewegung – die Luftdruckunterschiede werden ausgeglichen. Kalte und schwere Luft aus der Arktis strömt dorthin, wo die warme Luft aufsteigt. Je nachdem, wie groß die Temperatur- und damit auch die Druckunterschiede sind, entsteht ein unterschiedlich starker Wind – eine globale Luftzirkulation. Das ist der Motor für den ständigen Luftaustausch zwischen den Polen und dem Äquator.

Geben wir unserem Globus einen kleinen Schubs und versetzen ihn in Drehung, dann sehen wir, dass die Winde, die ohne die Erdrotation in geraden Bahnen zwischen Arktis und Tropen verlaufen würden, auf der Nordhalbkugel nach Osten abgelenkt werden. Und da ist er dann: unser Jetstream und bläst zuverlässig ostwärts am Rande des Polarwirbels – der Polarfront – um die Nordhalbkugel. Grund für den Verlauf der Windbahnen ist die sogenannte Corioliskraft, die den Wind in Richtung Osten ablenkt. Das Zusammenspiel aus Luftdruckgefälle und Corioliskraft lässt in jeder Hemisphäre drei große Windkreisläufe entstehen. Die Hadley-Zellen am Äquator bis 30 Grad Nord, die Polarzellen ab 60 Grad Nord und dazwischen die Ferrel-Zellen, wovon die nördliche für unser Wetter in Mitteleuropa verantwortlich ist.

Das Temperatur- und damit das Luftdruckgefälle zwischen dem Äquator und den Polarregionen ist verantwortlich dafür, dass dieses atmosphärische Zirkulationssystem zuverlässig funktioniert. Wenn wir jetzt die Temperatur auf unserem Globus etwas hochdrehen, und in der Arktis sogar noch etwas schneller und etwas höher, ändert sich die Temperaturdifferenz zwischen der Arktis und den Tropen – sie wird kleiner: Plötzlich ändern sich Stärke und Richtung der Windsysteme, der Motor gerät ins Stottern, und der Jetstream, der sonst eine natürliche Barriere zwischen den kalt-trockenen polaren Luftmassen und den warm-feuchten Luftmassen in Äquatornähe bildet, wird langsamer und instabil. Er gerät leichter als sonst aus der Bahn, und statt der üblicherweise gering ausgeprägten Mäander verläuft er immer häufiger in mächtigen Schleifen, die mal weit nach Norden, mal weit nach Süden ausschlagen.

Die Folge: Freie Bahn für warme und feuchte Luftmassen aus dem Süden Richtung Arktis, wie es zuweilen bei Regen-auf-Schnee-Ereignissen der Fall ist, und natürlich auch freie Bahn für die sehr kalten Luftmassen aus der Arktis in die mittleren Breiten. Diese brechen durch die Instabilität des Jetstreams aus dem Polarwirbel aus – wir nennen dieses Phänomen auch: *Arctic Outbreaks*. Die extrem kalten Luftmassen aus der Arktis stoßen dann bis in unsere Breiten vor, was einen schnellen und sehr starken Temperaturabfall zur Folge hat. Kommt dann noch viel Niederschlag hinzu, gibt es bei uns jede Menge Schnee.

So absurd es im ersten Moment klingen mag: Die globale Erderwärmung beschert uns zuweilen auch klirrende Kälte. Wir reden von Klimaerwärmung und gleichzeitig von strengen kalten Wintern in Mitteleuropa, dabei sind diese Kälteeinbrüche wie etwa an der Ostküste Amerikas Anfang 2018 ein mögliches Zeichen dafür, dass das Kühlsystem unserer Erde nicht mehr richtig funktioniert. Wo überwiegend gemäßigte Temperaturen herrschten, kommt es jetzt immer häufiger zu Extremen. Auf der Nordhalbkugel bekommen wir das zu spüren – und zwar nicht nur in Form von Kälteeinbrüchen.

Da der Jetstream durch die weitere Erwärmung der Arktis langsamer wird und zuweilen in großen Ausbuchtungen über die Nordhalbkugel verläuft, transportiert er nicht mehr wie üblich in relativ regelmäßiger Folge Hochs und Tiefs um den Globus, die wir abends in den Nachrichten über die Wetterkarten ziehen sehen. Vielmehr bleiben diese mit höherer Wahrscheinlichkeit im zähflüssigen Verkehr stecken. Es entstehen häufiger stabile oder auch stationäre Wetterlagen, man nennt das auch: «Blocking». Auf den Wetter- und Satellitenkarten sieht diese Konstellation aus wie der griechische Buchstabe Omega. Dabei ist ein Hochdruckgebiet von zwei Tiefdruckgebieten eingekeilt und fast unbeweglich. Als Folge erleben wir Menschen auf der Nordhalbkugel, je nachdem, wo das Hoch angesiedelt ist, beispielsweise lang anhaltende und starke Regenfälle oder auch Hitzeperioden, wie die im

Sommer 2019, der in Deutschland als drittheißester Sommer seit Beginn der Wetteraufzeichnungen in die Geschichte einging. Zum ersten Mal überschritten die Temperaturen in Deutschland dabei die Marke von 42 °C, es war der heißeste Tag seit Beginn der Wetteraufzeichnungen – und von solchen Rekorden ist nicht nur Deutschland betroffen.

In Kanada lagen die Temperaturen im Sommer 2021 um 4 bis 5 °C über den gemessenen Temperaturrekorden. 49,5 °C wurden in einer Ortschaft nahe Vancouver gemessen. Infolge der Hitze kam es zu Bränden, die ganze Ortschaften zerstörten, in verschiedenen Teilen des Landes fiel der Strom aus, weil das Netz nicht auf die große Zahl von Klimaanlagen ausgelegt war, und die Zahl der wahrscheinlich durch Hitze bedingten Todesfälle stieg sprunghaft an. Durch die zusätzlich geringen Niederschlagsmengen trockneten die Böden aus, und die Ernten brachen massiv ein, was wiederum vermittelt überall auf der Welt zu steigenden Preisen auf Getreideprodukte führte. Was mit der Veränderung der Atmosphäre seinen Anfang genommen hat, setzt sich in allen Systemen unserer Erde und damit in all unseren Lebensbereichen fort.

Die hier beschriebenen Extremereignisse zeigen: Das Wetter bestimmt unser Leben grundlegend. Unsere Landwirtschaft, die Infrastruktur, unsere Wirtschaft und auch unsere Gesundheit sind wetterabhängig, und unser Wetter ändert sich, bedingt auch durch die steigenden Temperaturen in der Arktis und die dadurch in Gang gesetzten Prozesse.

In der Wüste

Ich sitze mal wieder mit meinen Kollegen auf dem Meereis. Unsere Arbeiten finden heute auf dem Festeis statt. Diese Art Meereis bewegt sich nicht mit Winden und Ozeanströmungen, sondern ist mit den dahinterliegenden Landeismassen der Antarktis verbunden. Folglich wartet eine Menge Schnee auf mich – ganze 110 Zentimeter wollen von mir beprobt werden. Nach gut zwanzig Minuten habe ich meine Schneegrube so ausgehoben, dass ich gut darin stehen, in die Hocke gehen und aus dem Schnee Schicht für Schicht Proben nehmen kann. Je weiter ich mich mit meinen Analysen nach unten arbeite, umso mehr vertiefe ich mich in den Schnee – im wahrsten Sinne des Wortes. Dabei merke ich nicht einmal, dass um mich herum alles weiß ist. Ausnahmslos. Himmel und Eis sind nicht mehr voneinander zu unterscheiden – wir sitzen inmitten eines Whiteouts. Ich selbst sehe aus wie meine Umgebung: von oben bis unten weiß – einer «Schneefrau» eigentlich nur angemessen. Beim Blick aus meiner Schneegrube kann ich auch die Konturen meiner Kolleg*innen und unserer Ausrüstung auf dem Eis nur noch verschwommen wahrnehmen.

Ein Whiteout ist ein sehr begrenztes Wetterphänomen, weshalb es sich nur schwer voraussagen lässt. In der Antarktis entsteht es, wenn der Himmel bedeckt ist, es schneit oder der eisige Wind den am Boden liegenden Schnee in die Luft hebt und ihn dort durcheinanderwirbelt. Auch in der

Arktis kennen wir diese allumfassende Weiße, dort entsteht sie auch durch den häufig vorherrschenden Nebel, und Arbeiten auf der Scholle sind dann ein zu hohes Sicherheitsrisiko. Während ich in der Antarktis bisweilen bei solchem Wetter schon überraschende Begegnungen mit dem ein oder anderen Pinguin hatte, möchte ich in der Arktis auf eine solche Begegnung mit einem Eisbären lieber verzichten.

Mich jetzt in diesem Schneetreiben auf dem Eis fortzubewegen, ist gefährlich, Hindernisse oder Gefahrenstellen kann ich kaum noch erkennen, Entfernungen abzuschätzen fällt mir unglaublich schwer, schnell könnte ich im weißen Nichts die Orientierung verlieren. Für eine solche Situation haben wir zum Glück Schlafsäcke, ein Zelt und Überlebenstaschen dabei, damit wir notfalls auf dem Meereis übernachten können, sollten wir nicht mehr zurück zum Schiff oder zur Forschungsstation gelangen können. Doch so weit kommt es nicht. Nach einiger Zeit ist der Spuk vorbei, und die Wettersituation verbessert sich, sodass wir zur Neumayer-Station III auf dem Ekström-Schelfeis sicher zurückkehren können.

Zurück an der Forschungsstation, erleben wir allerdings eine weitere Überraschung: Dort, wo wir sie heute Morgen ohne große Mühe verlassen haben, öffnet sich der Eingang jetzt in einem Absatz von fast einem halben Meter über dem Schnee. Die komplette Forschungsstation liegt etwas höher, denn mitten auf dem Eis der Antarktis steht die Neumayer-Station III auf sechzehn Stelzen, die von Zeit zu Zeit in Bewegung kommen – ganz so, wie an jenem Tag. Mit einer hydraulischen Hebevorrichtung können diese Stelzen paarweise angehoben und dann mit Schnee unterfüttert werden. Danach werden die Stelzen wieder ausgefahren und auf dem Schnee abgesetzt. Auf diese Weise können wir die Station mit vielen helfenden Händen und großem Gerät um eine Etage höher setzen. Bis zu vier Wochen kann dieser schrittweise Prozess in Anspruch nehmen.

Den ganzen Aufwand betreiben wir natürlich nicht ohne Grund: Anders als ihre Vorgänger soll die Neumayer-Station III nicht im Schnee versinken. Die erste deutsche Forschungsstation, die Georg-von-Neumayer-Station, und die Neumayer-Station II liegen inzwischen tief im Schelfeis verborgen und werden im Ablauf von mehreren Jahrzehnten mit dem Schelfeis bis zur Abbruchkante wandern und dann mit einem Eisberg von der Kante abbrechen und hinaus ins Meer treiben. Um dem Schicksal zu entgehen, in Schnee und Eis zu versinken, steht diese dritte Forschungsstation nicht nur auf Stelzen, sondern auch ihre Form ist so gewählt, dass Schneeablagerungen auf ein Minimum begrenzt werden. Seit 2009 ist sie in Betrieb und bietet im Sommer Wissenschaftler*innen aus aller Welt ein Zuhause. Sie ist dabei ideal an ihre sich stetig wandelnde Umgebung angepasst.

Um etwa einen Meter steigt die Oberfläche des Ekström-Schelfeises durch den Schneefall pro Jahr an, und in der Regel wird die Neumayer-Station III zweimal jährlich, bei stärkerem Schneefall auch öfter, eine Etage höher gesetzt, damit sie auch im darauffolgenden Winter mindestens sechs Meter über dem Schelfeis aufragt. Den Schnee nutzen wir übrigens nicht nur, um das Fundament der Station aufzustocken. Mithilfe der Abwärme der vorhandenen Blockheizkraftwerke, die von einer Windkraftanlage unterstützt werden, wird der Schnee auch für die Trinkwasserversorgung des Teams geschmolzen. Die Neumayer-Station III ist für die möglichst schonende Nutzung der vorhandenen Ressourcen ausgelegt. Alles andere – Forschungsausrüstung, frisches Gemüse und mein geliebtes Schokoladeneis – bringen im Sommer verschiedene internationale Versorgungsschiffe und die *Polarstern*. Sie nehmen auch den in Containern gesammelten Müll wieder mit, damit nichts auf dem Eis zurückbleibt.

Einer meiner Lieblingsorte auf der Station ist die große Lounge, wohin ich mich auch heute, nach unseren Arbeiten auf dem Eis und als es in den späten Abendstunden auf der Station ruhiger wird, mit einer Tasse Tee in der Hand zurückziehe. Durch die großen Panoramafenster kann mein Blick ungehindert über die antarktische Eislandschaft schweifen, und stets bietet sich dabei ein neues Bild: Mal ist alles klar, und sachte fällt ein wenig Schnee, sodass ich den Flocken schon fast dabei zusehen kann, wie sie in Richtung Eis trudeln und sich dort Kristall für Kristall niederlassen. Dann wieder wütet draußen ein Sturm, und die Flocken wirbeln durcheinander. Wie heute draußen auf dem Festeis, wird es dann ganz weiß, und der Horizont verschwindet.

Hier bei uns an der Neumayer-Station III, nahe an der Küste, kommt es im Vergleich zum Inland der Antarktis noch recht häufig vor, dass Schnee fällt – wobei der Begriff «häufig» natürlich relativ ist, denn die Antarktis ist die größte Wüste der Erde: Niederschläge fallen selten, und wenn draußen vor den Panoramafenstern wildes Schneetreiben herrscht, dann meistens nicht, weil Neuschnee fällt, sondern weil heftige Winde den Schnee vom Boden aufwirbeln. An der deutschen Neumayer-Station III messen wir mit unseren autonomen Messsystemen sowohl auf dem Schelfeis als auch auf dem Meereis der Atka-Bucht eine jährliche Zunahme der Schneedicke von einem Meter. Das entspricht einer Niederschlagsmenge von ungefähr 300 Liter pro Quadratmeter im Jahr – gar nicht so viel. Zum Vergleich: Im Jahr 2020 betrug die Niederschlagsmenge deutschlandweit 710 Liter pro Quadratmeter. In der Zentralarktis schneit es im Vergleich zu den

Küstenregionen aber noch seltener – weniger als fünfzig Liter Schnee pro Quadratmeter sind es im Jahr. Seltsam eigentlich, wenn man bedenkt, dass die hoch aufragenden Eisschilde in der Antarktis aus Schnee bestehen.

Grundvoraussetzung für deren Entstehung ist, dass im Winter mehr Schnee fällt, als im Sommer wegtauen kann. Der gefallene Neuschnee übt mit seinem Gewicht Druck auf die unteren Schichten aus. Neuschnee enthält rund neunzig Prozent Luft, je älter der Schnee ist und je mehr Druck die oberen Schichten ausüben, umso mehr nimmt der Luftanteil ab, und sogenannter Firn entsteht. Durch weitere Verdichtung und Setzungsprozesse bildet sich schließlich festes Eis, aus dem keine Luft mehr entweichen kann. Am Ende ist sehr dichtes Eis entstanden, in dem kaum Luftbläschen eingeschlossen sind und das dadurch kurzwelliges, blaues Licht reflektiert, das wir wahrnehmen, wenn wir die Bilder der großen Eismassen in den Polargebieten sehen.

Dass in der Antarktis, wie übrigens auch in der Arktis, verhältnismäßig wenig Schnee fällt, liegt daran, dass die Luft an den Polen so kalt und so trocken ist. Bei der Arbeit hat das den großen Vorteil, dass es sich gar nicht so kalt anfühlt. Während in einem kalt-feuchten Winter in Norddeutschland bei mir schnell der Wunsch nach einer warmen Decke aufkommt, fühlen sich in der Antarktis oftmals auch Temperaturen weit jenseits der Null-Grad-Grenze für mich fast schon warm an. Es sind vor allem diese Kälte und Trockenheit der Luft, die dazu beitragen, dass die Eisschilde in der Antarktis trotz der verschwindend geringen Niederschläge überhaupt auf Tausende von Metern anwachsen konnten.

Wie das möglich war und ist, das wird deutlich, wenn wir kurz aus der Antarktis rauszoomen und den Blick wie schon im vorausgegangenen Kapitel auf die Tropen richten. Meistens ist es dort eher schwül: Die Luft ist warm und feucht. Sie enthält eine Menge Wasserdampf, der durch Verdunstungsprozesse vor allem über den Ozeanen unserer Erde in die Atmosphäre aufsteigt. Dieser Wasserdampf erfüllt eine entscheidende Rolle: Er ist das wichtigste natürliche Treibhausgas unserer Erde. In der Atmosphäre liegt es anteilsmäßig noch vor allen anderen Treibhausgasen, verbleibt aber anders als CO_2 meist nur ein paar Tage in der Atmosphäre, ehe es über die Luftströmungen dieser Erde Richtung Land transportiert wird, kondensiert und als Niederschlag zurück auf die Erde fällt.

Als Treibhausgas in der Atmosphäre trägt Wasserdampf entscheidend dazu bei, dass der natürliche Treibhauseffekt greift. Das Klima auf unserer Erde ist maßgeblich davon abhängig, wie hoch der Anteil von Wasserdampf in der Atmosphäre ist. Dorthin gelangt er durch Verdunstung von flüssigem Wasser. Seine durchschnittliche Verweildauer in der Atmosphäre beträgt zehn Tage. Ohne Luftfeuchtigkeit gäbe es auf unserem Planeten keine Wolken und in der Folge auch keinen Regen oder Schnee. Wie viel Wasserdampf die Luft aufnehmen kann, steht in direktem Zusammenhang mit ihrer Temperatur. Bei hohen Temperaturen kann die Atmosphäre viel davon aufnehmen, bei niedrigen Temperaturen nur sehr wenig. Das hat zur Folge, dass in warmen Regionen unserer Erde, wie zum Beispiel in den Tropen, eine große Luftfeuchtigkeit herrscht. In kalten Gegenden wie den Polargebieten ist der Wasserdampfanteil in der Luft hingegen sehr gering. Mit steigender globaler Temperatur nimmt die Luft immer mehr Wasserdampf auf, was wiederum den Treibhauseffekt erhöht und zur Erwärmung der Luft beiträgt. Studien haben gezeigt, dass Rückkopplungen durch Wasserdampf die durch Kohlendioxid verursachte Erwärmung in etwa verdoppeln.

In der Antarktis kann die Atmosphäre durch die hier herrschenden niedrigen Temperaturen nur sehr wenig Wasserdampf aufnehmen. Und in der Folge kommt es hier kaum je zu Wolkenbildung, also auch nicht zu Niederschlägen. Bei sehr großer Kälte kann es allerdings schon mal dazu kommen, dass der Wasserdampf in den polaren bodennahen Luftschichten durch Resublimation zu kleinen Schneekristallen gefriert, und das, obwohl der Himmel völlig wolkenlos ist. Je nach Sonneneinstrahlung führt das zu glitzernden Himmelserscheinungen. Das deutsche Wort dafür ist «Polarschnee», das längst nicht so poetisch klingt wie das englische «Diamond Dust», das diesem Phänomen wirklich gerecht wird. Die Kristalle fallen dann wie ein sanfter Glitzerregen auf die gefrorene Oberfläche und verlieren auch hier nicht ihren Glanz.

Der geringe Wasserdampfanteil in der Luft der Antarktis hat aber noch einen weiteren Effekt: Der natürliche Treibhauseffekt ist dadurch weniger ausgeprägt. Man kann es sich so vorstellen, als fehlten in einem Gewächshaus die Gläser: Dringen Wärmestrahlen durch die Atmosphäre der Antarktis, werden diese zu einem großen Teil durch Schnee und Eis reflektiert und strahlen aufgrund der niedrigen Konzentration von Treibhausgasen nahezu ungehindert ins Weltall zurück – ein ausgeklügeltes Kühlsystem.

Wie in der Arktis beobachten wir aber seit einiger Zeit auch in der Antarktis Veränderungen – vor allem in der Westantarktis, wo wir seit Längerem einen Anstieg der Temperaturen verzeichnen. Im März 2022 kam es dann aber auch in der Ostantarktis, wo die Temperaturen eigentlich stabil sind, zu einem massiven Wärmeeinbruch. Die von Italien und Frankreich betriebene Concordia-Station, die auf einem über 3200 Meter hohen Plateau im Inland der Antarktis liegt, meldete im März Temperaturen von -12,2 °C. Das erscheint Ihnen im ersten Moment vielleicht noch recht kalt, doch um diese Zeit liegen die Temperaturen dort eigentlich im Mittel noch um satte vierzig Grad niedriger. Im Vergleich zum Vorjahr war es ein Temperatursprung um 20 °C und ein Ereignis, das alle bisher gemessenen Temperaturschwankungen in der Antarktis in den Schatten stellte. Die Wissenschaftler*innen vor Ort beobachteten dabei ein außergewöhnliches Phänomen: Zehn Zentimeter Neuschnee fielen im Inneren der Antarktis – mehr Schnee als dort üblicherweise in einem ganzen Jahr fällt. Statt über eine feste, gefrorene Schneeschicht stapften die Wissenschaftler*innen durch feinsten Pulverschnee. Eine Ursache des Klimawandels?

Wie schon gesagt, ist es schwierig, solche einzelnen Ereignisse diesem zuzuordnen. Betrachten wir aber die Daten der letzten Jahre, sehen wir, dass der Wasserdampfanteil in der Luft über der Antarktis – wie auch über der Arktis – deutlich zugenommen hat und mit diesem Anstieg auch die Niederschlagsmenge. Wir sehen also, dass höhere Temperaturen in der Atmosphäre bedeuten, dass die Luft über der Antarktis mehr Wasserdampf aufnehmen kann. Das wiederum erhöht den eigentlich geringen Treibhauseffekt, was wiederum zur weiteren Erwärmung der Luft beiträgt, die wiederum mehr Wasserdampf aufnehmen kann, was wiederum zu mehr Niederschlag führt – ein sich aufschaukelnder Prozess.

Durch die Kälte fällt der Niederschlag in der Antarktis vor allem in Form von Schnee, während er, wie wir gesehen haben, in der Arktis inzwischen auch als Regen auf Eis und Schnee fällt. Dort ist die Luft im Vergleich zum südlichen Polargebiet vor allem im Sommer deutlich feuchter. Das abschmelzende Eis gibt die dunkle Meeresoberfläche frei, sodass der Albedo-Effekt abnimmt und mehr Sonnenstrahlung aufgenommen wird. Das Wasser und die darüberstehende Luftschicht erwärmen sich, das Wasser verdunstet mit der steigenden Temperatur, und so können Wolken und Nebel entstehen. In einigen Regionen liegen 80-95 Prozent aller Sommertage im Nebel, was den Polartag deutlich trüben kann. Bei uns in der Arbeitsgruppe ärgern wir uns gerne gegenseitig damit, wenn Kolleg*innen in den arktischen Sommer aufbrechen. Wir verabschieden sie dann mit den Worten: «Viel Spaß im Nebel.» Denn das ist es, was die Kolleg*innen tagein, tagaus sehen und erleben. Durch die auch in der Arktis erhöhten Niederschläge und die häufiger auftretenden Regen-auf-Schnee-Ereignisse beschleunigt sich dieser eigentlich natürliche Vorgang noch – und immer mehr Eis schmilzt.

Für die Antarktis prognostizieren die Computermodelle derzeit mit jedem Grad Erwärmung etwa fünf Prozent mehr Schnee. Das ist eine gute und eine schlechte Nachricht zugleich, denn der vermehrte Schneefall hat Auswirkungen auf den Meeresspiegel. Niederschlag, der auf den Eispanzer fällt, dort als Schnee liegen bleibt und zu Eis wird, landet nicht im Meer und bremst daher den Meeresspiegelanstieg. Langfristig kann sich die zunehmende Schneeauflage allerdings negativ auswirken, denn der zusätzliche Schnee ist schwer und übt vermehrt Druck auf das darunterliegende Eis aus, was wiederum den Fluss der Eismassen in Richtung Küste erhöht und auf diese Weise doch wieder zum Anstieg des Meeresspiegels beiträgt.

Durch die Veränderungen in der Atmosphäre in Arktis und Antarktis werden also auch in der Kryosphäre eine Kaskade von Veränderungen in Gang gesetzt, die wir Wissenschaftler*innen aktuell beobachten. Der Eisschild der Antarktis ist längst nicht nur durch die steigenden Temperaturen und den vermehrten Schneeeintrag gefährdet, sondern auch, weil das

Schelfeis, die langen Zungen der Gletscher, instabil wird. Und auch das Meereis, ob in Arktis oder Antarktis, unterliegt Veränderungen, die wir noch nicht gänzlich verstanden haben, ganz zu schweigen von der Rolle, die der Schnee für das Eis auf dem Meer spielt. Als Meereisphysikerin mit dem Spezialgebiet «Schnee» beobachte ich nur ein winzig kleines Puzzleteil dieses großen Zusammenspiels der Erde. Durch unsere Beobachtungen vor Ort, die unzähligen Messreihen und Daten, die wir im Laufe der Zeit ansammeln, versuchen wir Wissenschaftler*innen, die Form dieses jeweils winzigen Puzzleteils zu definieren, seine Ränder so genau wie möglich abzustecken. Denn erst auf diese Weise kann das entstehen, wonach wir alle auf der Suche sind: das große Ganze – ein Verständnis dafür, wie die einzelnen Teile zusammenfinden und welches Bild sie ergeben werden. Durch die andauernde und kleinteilige Arbeit der globalen Wissenschaftsgemeinschaft haben wir inzwischen eine Vorstellung davon, welches Bild sich in diesem Jahrhundert ergeben wird. Denn eines ist klar: Die einmal definierten Ränder der Puzzleteile verschieben sich durch die angestoßenen Veränderungen in der Atmosphäre rasant – das Bild wandelt sich, und wir stecken mittendrin. Eine Vorstellung davon, was auf uns zukommt, können wir nur gewinnen, wenn wir ganz genau hinschauen, wenn Wissenschaftler*innen eintauchen in ihre Materie, so wie ich eintauche in den Schnee und Kristalle vermesse, um auf diese Weise Wechselwirkungsprozesse zwischen Atmosphäre, Schnee und Meereis besser zu verstehen. Während ich ganz verschwinde in dieser weißen Welt im Wandel, bekomme ich nicht nur kalte Finger, sondern kann meinen Beitrag zu diesem großen Bild leisten. Wodurch lassen sich die Veränderungen meines Puzzleteils erklären, und wo passen die

Kanten mit den anderen Teilen zusammen? Versuchen wir es: Tauchen wir ganz ein und richten den Blick auf die Stoffe, welche die Polarregionen erst zu dem machen, was sie sind: auf Schnee und Eis.

TEIL II
Das Ende des Eises

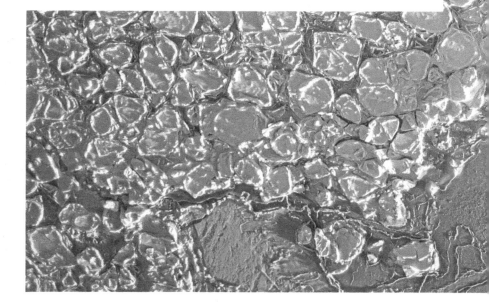

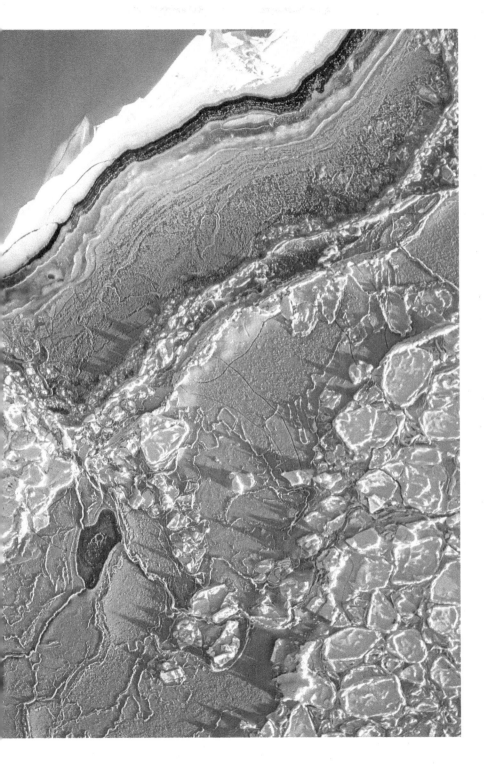

Expeditionen zu den Eisschilden unserer Erde

Mit der *Polarstern* im antarktischen Meereis unterwegs zu sein, ist ein aufregendes Erlebnis. Manchmal fahren wir tagelang durch eine scheinbar endlose Eiswüste, und die *Polarstern* kämpft mit meterhohen, aufgeschobenen Eisschollen, sogenannten Eisrücken, bahnt sich ihren Weg durch das Meereis. Eins wird ganz schnell klar: Hier ist Weiß nicht einfach nur Weiß. Vor uns türmen sich skurrile Eisstrukturen auf, die jeden von Menschen erdachten Kunstwerken Konkurrenz machen könnten, während sich dahinter unberührte Schneefelder öffnen, so weit das Auge reicht.

In den Laboren an Bord herrscht reges Treiben, und die Wissenschaftler*innen gehen auf den verschiedenen Decks in den hoch technisierten Laboren ihrer Arbeit nach. Mit der Bordwetterwarte, der Ballonfüllhalle, der Elektronikwerkstatt, den wissenschaftlichen Kühlräumen, in denen wir unsere Proben aufbewahren, dazu den sechzehn Winden, vier Kränen und den zwei bordgestützten Hubschraubern ist die *Polarstern* trotz ihres hohen Alters eines der leistungsfähigsten Forschungsschiffe der Welt. Die Stärke der Arbeit an Bord liegt dabei in der Interdisziplinarität, da die unterschiedlichen wissenschaftlichen Arbeitsbereiche ineinandergreifen und wir auf diese Weise alle von- und miteinander lernen. Von Bord aus können wir im Grunde genommen alles beproben, was uns auf unserer Reise umgibt: die Luftsäule über uns und den Ozean unter uns – bis in mehrere tausend Meter Tiefe. In den über 200 Jahren Antarktisforschung hat sich viel getan, und doch gilt die Antarktis noch immer als der am wenigsten erforschte Kontinent dieser Erde. Hier ist es noch immer möglich, Orte zu entdecken, die noch nie zuvor ein menschliches Auge gesehen hat. Auch ich konnte schon solche Momente erleben: Als ich zusammen mit meinen Kolleg*innen Anfang Februar 2021 zu meiner neunten Expedition mit der *Polarstern* von den Falklandinseln zur Antarktis aufbrach, war allen an Bord noch nicht klar, dass diese Expedition nicht nur etwas Besonderes sein würde, weil sie trotz der anhaltenden Coronapandemie stattfand, sondern auch, weil wir etwas sehr Seltenes erleben würden. Keine vier Wochen nach Auslaufen, am 26. Februar 2021, entstand am Brunt-Schelfeis im östlichen Weddellmeer ein riesiger Eisberg – der A-74.

Eisberge erhalten nur dann einen Namen, wenn sie es auf eine bestimmte Größe bringen – entweder auf über zehn nautische Meilen in der Länge oder auf über zwanzig nautische Quadratmeilen. Und diese Maße übertraf der A-74 bei Weitem. Aufnahmen eines ESA-Satelliten zeigten, dass er direkt nach dem Abbruch eine Fläche von ungefähr 1270 Quadratkilometern maß und damit etwa doppelt so groß wie Berlin war.

Das alles geschah nicht unerwartet. Über Jahre hatten Wissenschaftler*innen anhand von Satellitendaten beobachtet, wie sich große Rissstrukturen im Brunt-Schelfeis bildeten. Unerwartet war nur, dass wir uns zur gleichen Zeit im südöstlichen Weddellmeer befanden, unweit der Abbruchstelle. Als uns die Nachricht erreichte, brach auf der *Polarstern* geschäftiges Treiben aus: Könnten wir es schaffen, in den Spalt zwischen Schelfeis und Eisberg zu fahren? Es wäre eine einzigartige Gelegenheit, um eine frische Abbruchkante aus der

Nähe zu sehen, und noch dazu ein Abenteuer. Wir zogen die Satellitendaten zurate und konnten beobachten, wie der Eisberg langsam von der Kante wegdriftete. Aufgrund der Gezeiten und Strömungen bewegte er sich aber immer wieder auch gefährlich nahe auf diese zu. Wie breit musste der Spalt mindestens sein, damit wir es wagen konnten hindurchzufahren? Stefan Schwarze, der als Kapitän des Schiffes das Sagen hatte, verfolgte einen pragmatischen Ansatz: «Mein Schiff ist 118 Meter lang. Wenn ich in dem Spalt wenden kann, dann reicht es.» Diese Breite hatte der Spalt zu jedem Zeitpunkt, und so nahm die *Polarstern* Kurs auf den riesigen Eisberg. Der Abstand zwischen dem A-74 und der Abbruchkante war anfänglich so groß, dass wir den Spalt zuerst gar nicht als solchen wahrnahmen. Doch je weiter wir Richtung Süden vordrangen, desto schmaler wurde er. Richtig eng wurde es nie, aber beeindruckend war es allemal, ganz nahe an der circa sechzehn Meter hohen Abbruchkante entlangzufahren. Wir konnten zerklüftete Kanten ausmachen, die kurz vor weiteren Abbrüchen standen, aber auch sehr glatte Schelfeis- und Eisbergwände. Es muss ein ohrenbetäubender Lärm, ein Knacken und Krachen gewesen sein, als dieser riesige Eisberg vom Schelfeis abbrach.

Da es nur sehr selten gelingt, vor Ort zu sein, wenn ein Gebiet zum ersten Mal seit Jahrzehnten eisfrei wird und damit dem Sonnenlicht ausgesetzt ist, konnten wir spannende Untersuchungen des Meeresbodens durchführen. Meine Kolleg*innen entnahmen Sedimentproben, filmten mit einer Unterwasserkamera die am Boden lebenden Tiere und untersuchten das eisfreie Wasser im Abbruchspalt, um herauszufinden, welche Folgen ein derart massiver Eisabbruch nach sich zieht. So faszinierend das Erlebnis auch war, es stimmte uns nachdenklich.

Denn so normal es auch ist, dass Teile des Schelfeises abbrechen und abdriften, in den vergangenen Jahrzehnten konnten Wissenschaftler*innen beobachten, dass in der Antarktis mehrere größere Schelfeisplatten zusammenbrachen – mit regional schwerwiegenden Folgen. Das Schelfeis erfüllt in einigen Regionen der Antarktis eine wichtige Funktion. Zuweilen wird es auch zutreffend als «Sicherheitsband» bezeichnet, denn gespeist wird es aus den dahinterliegenden Eisschilden, den Gletschern im Inland der Antarktis, und trägt regional entscheidend dazu bei, dass diese stabil bleiben. Fehlt dieses «Sicherheitsband», hat das schwerwiegende Folgen für den antarktischen Eisschild, unsere Ozeane und die Meeresspiegel. Denn der Eisschild der Antarktis ist mit einer Fläche von 12,3 Millionen Quadratkilometern achtmal so groß wie sein kleiner Bruder im Norden – der grönländische Eisschild in der Arktis. Sein gesamtes Volumen ist so groß, dass man es sich nur schwer vorstellen kann.

Bis aus Schnee dieses sehr kompakte Gletschereis entstanden ist, dauert es in der Antarktis aufgrund der anhaltenden Minusgrade, der eigentlich geringen Niederschläge und der starken Winde um die tausend Jahre. Im Vergleich: Auf dem grönländischen Eisschild sind es nur hundert Jahre, in den Alpen dauert es in der Regel sogar nur ein Jahr.

So kompakt und starr das über Jahrtausende entstandene Gletschereis der Eisschilde nun auf den ersten Blick auch erscheinen mag, es ist vielmehr mächtigen dynamischen Prozessen unterworfen. Unter all der Last des Eises beginnt es, sich zu verformen und fließt zu den Rändern des Kontinents hin ab. Diese Eisströme können eine Geschwindigkeit von mehreren Hundert Metern pro Jahr erreichen. An verschiedenen Küstenabschnitten der Antarktis fließen die Eismassen zusammen, werden auf das Meer hinausgeschoben und bilden großflächiges Schelfeis. In der Antarktis ist dieses zwischen 300 und 2500 Meter dick, am mächtigsten an der Stelle, wo das Eis vom Land auf das Meer trifft. Nach außen werden die Eisplatten dann immer dünner. Und dort an den Rändern findet der Hauptverlust der Eismassen statt. An den Schelfeiskanten brechen immer wieder große Eisstücke ab und treiben als Eisberge ins Meer, wo sie schmelzen. An diesen sogenannten Kalbungsfronten entstehen in der Antarktis echte Riesen wie auch der A-74.

Das Schmelzen eines so wunderschönen Tafeleisbergs trägt im Normalfall nicht entscheidend dazu bei, dass der Meeresspiegel ansteigt – denn das Ganze ist eigentlich ein natürlicher Vorgang: Verliert das Schelfeis durch Schmelzen oder das Kalben von Eisbergen genauso viel Eis, wie durch Schneefall hinzukommt, so befindet sich das System im Gleichgewicht. Doch jede Veränderung in dieser Massenbilanz führt zu einer Veränderung des globalen Meeresspiegels, und seit 1979 hat sich der Eisverlust in der Antarktis trotz vermehrtem Schneefall versechsfacht. Die heute an den Schelfeiskanten abbrechenden Eisstücke tragen deshalb Millimeter um Millimeter zum Meeresspiegelanstieg bei.

Schaut man sich die Nachrichten der vergangenen Jahre an, sieht man sich mit einer traurigen Bilanz konfrontiert: In aller Regelmäßigkeiten können wir dort schon seit den Siebzigerjahren davon lesen, was die Wissenschaftler*innen vor Ort beobachten: Die großen Schelfeisflächen der Antarktis brechen zusammen: das Prinz-Gustav-Schelfeis, Larsen-A- und Larsen-B-Schelfeis, das Wilkins-Schelfeis ... – sie alle gehören inzwischen der Vergangenheit an. «Ein Eisschelf weniger und ein bedrohlicher Trend» titelte das Magazin Spektrum zuletzt im April 2022 zum Zusammenbruch des Conger-Eisschelfs in der Antarktis.

Und es stimmt: Die Schelfeisflächen der Antarktis werden insgesamt instabiler – auf Satellitenbildern sieht man, wie die großen, zusammenhängenden Eisflächen in tausend Teile zersplittern und den Ozean darunter freigeben. Wenn das geschieht, so konnte eine deutsch-französische Arbeitsgruppe in Modellrechnungen zeigen, hat das nicht nur Folgen für das lokale Ökosystem, sondern auch für den großen Landeispanzer dahinter. An einigen betroffenen Küstenregionen hat das Schelfeis seine Schutzfunktion bereits eingebüßt: Die Abflussgeschwindigkeit der Eisströme erhöht sich durch die fehlende Bremswirkung des Schelfeises, und das Eis der antarktischen Gletscher «rutscht» dynamischer vom Kontinent, der vermehrte Schneefall wird diesen Prozess in Zukunft womöglich noch beschleunigen.

In der Zeit von 1979 bis 1990 verlor die Antarktis jährlich noch rund vierzig Milliarden Tonnen Eis. Seit 2009 sind es bereits 252 Milliarden Tonnen pro Jahr. Auf der antarktischen Halbinsel verzeichnen Forscher*innen den Rückgang Hunderter Gletscher. Ein prominentes Beispiel ist hier das Larsen-Schelfeis. Seit 1995 zerfällt das lang gezogene Eisschelf entlang der Ostküste der Halbinsel. Das letzte große Stück mit einer beachtlichen Größe von 5800 Quadratkilometern brach 2017 ab. Der Eisberg von der doppelten Größe Luxemburgs driftete dann als A-68 Richtung Norden. Diese Destabilisierung der Eisschilde lässt sich zum einen auf die gestiegene Temperatur des Ozeans zurückführen. Eismassenverlust findet dabei an der Unterseite der Schelfeise statt, da dort das Eis durch den Kontakt mit dem wärmeren Ozeanwasser schmilzt. So hat warmes Tiefenwasser bereits 250 Meter hohe und Hunderte Kilometer lange Kanäle in die Eisunterseite des Filchner-Ronne-Schelfeises geschmolzen, und selbst das Ross-Eisschelf – das größte Schelfeis der Erde – beginnt, von unten zu schmelzen. Zum anderen ist auch der Anstieg der Temperatur in der Atmosphäre für die Instabilität der Eisschilde verantwortlich – wir erinnern uns: Um durchschnittlich 2,6 Grad stieg die mittlere Jahrestemperatur an der antarktischen Halbinsel im Verlauf der letzten fünfzig Jahre an – auch hier durch die Veränderung der Luftströme, die höhere Konzentration von Treibhausgasen und eben durch die zunehmende Instabilität des Schelfeises.

Wissenschaftler haben die Stabilität des antarktischen Eisschilds bei fortschreitender globaler Erwärmung genauer untersucht und berechnet, wie sich die Eismassen bei unterschiedlichem Anstieg der globalen Temperatur verhalten werden. Die Computersimulationen zeigen ein komplexes Zusammenspiel vieler Mechanismen, die zum Teil selbstverstärkend wirken und daher bei fortschreitender Erwärmung nicht mehr aufgehalten werden könnten. Der Zusammenbruch des Schelfeises ist dabei nur ein kleiner Teil einer ganzen Kette von Ereignissen, die den Wandel vorantreiben. Die Simulationen zeigen außerdem, dass das Eis, wenn es einmal schmilzt, unwiederbringlich verloren ist. Jeder Kubikmeter Eis, der im Moment in der Antarktis schmilzt, schmilzt für immer.

Während sich die Eisverluste in der Antarktis vorläufig noch regional konzentrieren, spitzt sich die Lage in der Arktis immer schneller zu. Im Sommer kommt es durch die Rekordtemperaturen am Eisschild Grönlands und auch durch die Regenfälle auf das Eis immer häufiger zu überproportional starkem Eisverlust. Im Jahr 2021 herrschten etwa Temperaturen von über zwanzig Grad. Das ist mehr als doppelt so hoch wie die gemessene sommerliche Durchschnittstemperatur dieser Region und hatte einen Eisverlust von rund acht Milliarden Tonnen zur Folge. Täglich! Zum Vergleich: Der Bodensee fasst ein Volumen von circa 48 Milliarden Tonnen Wasser. Allein am 28. Juli 2021 sind 12,5 Milliarden Tonnen Eis geschmolzen – eine gewaltige Menge Süßwasser, die ins Meer floss. Nach Angaben des *National Snow & Ice Data Center* (NSIDC) war die Hitzewelle auffallend intensiv, und noch nie gab es in Grönland eine so große Eisschmelze so spät im Jahr. Dort verläuft das Schmelzen des Eises also schon jetzt nicht mehr linear, sondern exponentiell und überholt alle bisherigen Prognosen der berechneten Klimamodelle. Grönlands Eis schmilzt so schnell wie im Weltklimabericht im schlimmsten Szenario berechnet. Dort könnte bald ein kritischer Punkt überschritten sein, ab dem ein Abschmelzen kaum noch aufzuhalten wäre. Das Abschmelzen des grönländischen Eisschilds ist daher ein anschauliches Beispiel für die in den Medien vielfach aufgeführten Kipppunkte. Darunter versteht man den Moment, an dem eine vorher lineare Entwicklung durch bestimmte Rückkopplungsmechanismen plötzlich in ihrer Geschwindigkeit stark zunimmt. Ab einem gewissen Stadium wird das System so instabil, dass die äußeren Einflüsse keine entscheidende Rolle mehr spielen. Der Zustand kippt – und es gibt keinen Weg mehr zurück. Inzwischen ist das Schmelzen der Eisschilde der Polargebiete, neben der Erwärmung der Ozeane, die größte Ursache für den globalen Meeresspiegelanstieg. Seit 1993 steigt er im Durchschnitt um jährlich 3,1 Millimeter an. Das entspricht einer deutlichen Zunahme im Vergleich zum Anstieg der vorausgegangenen Jahre. Knapp 69 Prozent unseres globalen Süßwassers sind in den Eisschilden der Polarregionen gespeichert. Ihr Abschmelzen würde einen Anstieg des Meeresspiegels um etwa siebzig Meter verursachen. Kolleg*innen am AWI haben mithilfe von Satellitenmessungen ermittelt, dass die Eisschilde Grönlands und der Antarktis zusammen aktuell etwa 500 Kubikkilometer Eis pro Jahr verlieren. Das ist eine unvorstellbare Menge Wasser. Würde man dieses Volumen auf die Grundfläche der Stadt Hamburg verteilen, entspräche das einer Wassersäule mit einer Höhe von 600 Metern – unser blauer Planet, dazu würde er bei einem vollständigen Abschmelzen der Eisschilde in der Tat immer mehr werden.

Wir haben gesehen: Wie in jedem Ökosystem sind auch in den Polargebieten alle Vorgänge eng miteinander verzahnt. Werden an einer Stelle Veränderungen wirksam, greifen sie auch an anderer Stelle, und eine ganze Kette von Veränderungen wird in Gang gesetzt. So spielt beispielsweise auch mein Forschungsschwerpunkt, das Meereis, eine entscheidende Rolle in diesem komplexen Zusammenspiel. Denn wie Inseln oder der Meeresboden das Schelfeis stützen, so ist es auch das Meereis, das zu seiner Stabilität beiträgt, insbesondere solches, das an Landmassen oder Eisbergen festwächst und dadurch üblicherweise stabilisierend wirkt – das sogenannte Festeis. Wie sich dieses unter den sich wandelnden Bedingungen verhält, ist beispielsweise auch für die Neumayer-Station III auf dem Ekström-Schelfeis von großem Interesse. Unweit unserer deutschen Forschungsstation auf dem Schelfeis öffnet sich eine kleine Einbuchtung, die an der längsten Stelle ungefähr 25 Kilometer misst und an der breitesten Stelle 18 Kilometer: die Atka-Bucht. Im Winter ist die Bucht vollständig mit Festeis bedeckt, während dieses im Sommer – wenn es nicht gerade durch Eisberge vor der Bucht blockiert wird – in der Regel durch die herrschenden Winde aufbricht. Mit Beginn der Überwinterungen an der Station Anfang der 1980er-Jahre wird auch dieses Eis immer wieder beprobt. Seit 2010 finden diese Messungen der Schnee- und Eisdicke regelmäßig statt, durchgeführt vom Überwinterungsteam an der Station – oder auch von mir, wenn ich im Sommer vor Ort bin. Wenn das Eis dort um den Jahreswechsel aufbricht, hat es seither konstant eine Dicke von ungefähr zwei Metern. Bisher konnten wir hier keine Veränderungen des Meereises beobachten – weder was die Dicke betrifft noch den Zeitpunkt des Aufbrechens. Das Meereis in der Atka-Bucht stützt also weiterhin das Schelfeis, auf dem die Neumayer-Station III steht. Hoffen wir, dass es so bleibt, damit auch in Zukunft Forscher*innen auf der Station ihrer Forschung nachgehen können. Denn während die Ausdehnung des Meereises in der Antarktis in den letzten vierzig Jahren entgegen der Berechnungen von Modellen im Mittel eine gewisse Konstanz, ohne signifikante Zu- oder Abnahme, zeigt, schwindet es in der Arktis so rasant, dass Wissenschaftler*innen inzwischen davon ausgehen, bis September 2050 mindestens einmal eine nahezu eisfreie Arktis im Sommer beobachtet zu haben. Eine dramatische Vorstellung – auch mit weitreichenden Folgen für den Rest unseres Planeten.

Unterwegs auf dem Meereis der Arktis

Im September 2019 war ich Teil der MOSAiC-Expedition – einer einjährigen, internationalen Arktis-Expedition unter deutscher Leitung. Unser Ziel war es, uns mit der *Polarstern* im Eis des Nordpolarmeeres einfrieren zu lassen, mit der Drift des Meereises durch die Arktis zu reisen und diese im Jahresverlauf zu erforschen. Wir wollten genauer verstehen, wie die unterschiedlichen Komponenten des Klimasystems, Atmosphäre, Meereis, Ozean und Ökosystem, in der winterlicher Dunkelheit und am arktischen Polartag miteinander wechselwirken, und Daten erheben, die es uns erlauben, Prognosen über den kommenden Wandel zu treffen.

Die Reise führte uns über 3400 Kilometer quer durch die Arktis, und wir kamen dem Nordpol auf neunzig nautische Meilen nahe. Die MOSAiC-Expedition, ein Akronym, das für *Multidisciplinary drifting Observatory for the Study of Arctic Climate* steht, war die bisher größte Forschungsexpedition in die Arktis und machte es zum ersten Mal möglich, ganzjährig diese schwer zugängliche Region zu untersuchen. Einmal mehr hatten sich Wissenschaftler*innen aus der ganzen Welt zusammengeschlossen und traten in die Fußstapfen eines großen Entdeckers.

1884 stolperte der Norweger Fridtjof Nansen in einer Zeitung über einen Bericht, der sein Leben verändern sollte: An der Südwestküste Grönlands waren Wrackteile eines Forschungsschiffes aufgetaucht, das einige Jahre zuvor vor

Sibirien vom Packeis zerquetscht worden war. Die Artefakte, so wurde vermutet, konnten nur mit dem Eis entlang einer Strömung durch die Arktis bis an die Küste Grönlands gelangt sein. Nansens wagemutige Idee: Er wollte sich mit einem Schiff, eingefroren im Packeis vor Sibirien, durch die Arktis treiben lassen, um die Theorie zu bestätigen und so eine Route in die entlegensten nördlichen Regionen finden.

Doch erst knapp zehn Jahre später – inzwischen war Nansen durch seine gelungene Grönland-Querung berühmt – gelang ihm die Probe aufs Exempel: Am 24. Juni 1893 stach er mit dem eigens gebauten und besonders eistauglichen Forschungsschiff, der *Fram*, in See. Anfang Oktober 1893 fror es im Packeis ein. Nansen vermerkte im Logbuch: «Nachmittags – wir saßen gerade müßig und plauderten – entstand ganz plötzlich ein ohrenbetäubendes Getöse, und das ganze Schiff erzitterte. (...) Es war die erste Eispressung. Alle Mann stürzten an Deck, um zuzusehen. Die ‹Fram› verhielt sich wundervoll, wie ich es von ihr erwartet hatte.»

Die Driftgeschwindigkeit konnte Nansen damals nicht voraussehen, und das Schiff kam nur sehr langsam voran. Das Eis bestimmte den Kurs. Keiner der Expeditionsteilnehmer hatte wohl erwartet, dass ihn die Reise durch die Arktis ganze drei Jahre kosten würde. Doch trotz extremer Bedingungen überlebten alle die Expedition und kamen mit dem Nachweis der Polardrift und der Bestätigung nach Hause, dass es am Nordpol kein Land gibt, sondern nur die unglaublichen Weiten des arktischen Meereises.

Als die *Polarstern* 125 Jahre später in See stach, hatten sich die Bedingungen grundsätzlich geändert. Schon vor Beginn der Expedition war uns bewusst, dass unsere Reise durch die drastische Veränderung des Meereises wesentlich kürzer ausfallen würde. Dass die *Polarstern* letztlich weniger als ein

Jahr unterwegs sein würde, damit hatte niemand gerechnet. Nicht nur war es zu Beginn der Expedition nicht leicht, eine stabile Eisscholle zu finden, sodass der Eisbrecher von dieser mitgezogen werden konnte, die Drift verlief durch das jüngere und dünnere Eis zeitweise auch sehr viel schneller. Es war der vorläufige Höhepunkt der beschleunigten Entwicklung, die wir Forscher*innen in den letzten dreißig Jahren beobachten.

Sowohl 1991, als die *Polarstern* das erste Mal am Nordpol war, als auch 2001 hatte es unsere alte Dame noch nicht alleine zum Pol geschafft, sondern sie brauchte die Hilfe von stärkeren Begleitschiffen. Das Eis war einfach zu dick und aufgrund seines Alters zu hart. 2011 erreichte sie erstmals unter Kapitän Stefan Schwarze alleine den Nordpol – mit großer Anstrengung und voller Maschinenkraft. Drei Jahre später wurden alle vier Hauptmaschinen schon nicht mehr benötigt, um zum Pol zu gelangen. Es öffneten sich immer mehr Wasserstraßen. Auf dem letzten Abschnitt der MOSAiC-Expedition ging es dann 2020 erneut zum Nordpol, nachdem das Durchdriften der Arktis nach 300 Tagen geschafft war, aber noch der Übergang vom Sommer in den Herbst für den vollständigen Jahreszyklus fehlte. Während in den Jahren zuvor für diese Anreise immer ein Bogen über die sibirische See geschlagen werden musste, um dem mehrjährigen Eis vor Nordgrönland auszuweichen, war in diesem Jahr alles anders: Das Schiff konnte den direkten Kurs einschlagen. Mit fünf bis sieben Knoten erreichte die *Polarstern* nach wenigen Tagen den Nordpol. Ein historischer, aber auch trauriger Rekord.

Wir Wissenschaftler*innen, die in der Arktis forschen, erleben diese Veränderungen von Jahr zu Jahr in einem immer dramatischeren Ausmaß. Dabei ist es nicht nur die Ausdehnung des Meereises, die sich durch die Erwärmung der Atmosphäre verändert, sondern es sind auch die Eigenschaften des Eises.

Meereis unterscheidet sich fundamental von dem Eis, das wir in unseren Gefrierfächern vorfinden – und damit meine ich nicht nur den Salzgehalt. Wenn Meerwasser gefriert, bilden sich zunächst wenige Millimeter große Eiskristalle, sogenannte Eisnadeln. Je kälter es wird, desto mehr dieser Nadeln und kleinen Plättchen bilden sich. Auf meinen bisher elf Schiffsexpeditionen in Arktis und Antarktis habe ich das Meereis wohl schon in allen möglichen Stadien beobachten können. Es ist erstaunlich, welch vielfältige Formen es annimmt, und nur wenn wir genau verstehen, wie es sich bildet und vergeht, werden wir voraussagen können, wie es sich in den kommenden Jahren und unter den global ändernden Bedingungen verhalten wird.

Im frühen Stadium seiner Entstehung sieht das Eis zunächst ein wenig aus wie Slush – das klebrig, süße Kindergetränk auf der Kirmes. Nur ist es nicht giftig grün, knallig rot oder orange, sondern durchsichtig. Im sehr bewegten Südpolarmeer formen die Eisnadeln und -plättchen aus diesem Eisbrei infolge der Windbewegungen häufig tellergroße, pfannkuchenförmige Eisplatten, die durch die Wellenbewegungen des Ozeans ständig zusammenstoßen und an den Kanten aneinanderreiben. Durch diese Reibung biegen sich die Ränder der Eisplatten nach oben – ganz genau wie bei einem frisch gebackenen Pfannkuchen. Dieses Eis nennen wir auch «neues Eis» oder eben «Pfannkucheneis». Es ist noch jung und porös und wird durch die Wellenbewegungen in Schwingung versetzt. Wenn in der kurzen antarktischen Dämmerung am Himmel unzählige Rottöne aufflammen und sich auf dem Pfannkucheneis widerspiegeln, erscheint es einen Augenblick lang, als bewege sich die *Polarstern* durch einen endlosen Teppich eisiger Seerosenblätter.

Auch in der Arktis, wo Meereis in dieser Form eigentlich seltener auftritt, können wir dieses junge Eis immer häufiger beobachten, vielleicht auch deshalb, weil durch die Abnahme des arktischen Meereises mehr Wasser dem Wind ausgesetzt ist, was die Entstehung von Pfannkucheneis begünstigt.

Bei ruhiger See verläuft die Meereisbildung etwas anders, aber nicht minder faszinierend. Aus dem Eisbrei bildet sich eine sehr dünne, elastische Eisschicht, sogenanntes Nilaseis, durch das sanft kleine Wellen schwappen. Wird diese Schicht fester, schiebt es sich in- und übereinander und bildet sogenannte Eisfinger.

Ob Nilas- oder Pfannkucheneis, im Laufe der Zeit werden daraus immer dickere und größere Eisplatten. Es ist die Geburtsstunde der Eisschollen. Doch anders als Süßwassereis ist das Meereis weder kompakt noch besonders hart – wie wir es zuweilen noch im Winter von unseren heimischen Seen kennen, sondern porös und durchzogen von unzähligen kleinen Kammern und Kanälen. Das geschieht, weil das Salz des Meeres nicht in das entstehende Eiskristallgitter eingebaut wird. Stattdessen sammelt es sich in Form von Sole in den Kammern und Kanälen und sickert mit der Zeit in Richtung Eisunterseite ab, wo es wieder ins Meer gelangt. Deshalb können wir anhand des Salzgehaltes des Eises in Antarktis und Arktis auch bestimmen, wie alt es ist. Je älter Meereis wird, desto weniger Salz trägt es in sich.

Wenn ich heute mit Meereisneulingen in der Arktis oder Antarktis unterwegs bin, dann tue ich es dem früheren Leiter meiner Arbeitsgruppe am Max-Planck-Institut für Meteorologie gleich. Ich lasse sie am Meereis lecken. Für unsere Experimente brauchten wir während meines Masterstudiums

Meereis, das in Hamburg eher selten in der Natur vorkommt. Stundenlang rührten wir deshalb Salz in Wasser, bis es der Konzentration von Meerwasser entsprach, und stellten es zum Wachsen kalt. Nach einigen Tagen gingen wir wieder ins Kühllabor, um zu diskutieren, ob das von uns kreierte Eis schon für unsere Forschungszwecke taugte. Unser Gruppenleiter strich mit dem Finger über die Oberseite des Eises, leckte daran und sagte: «Das kann noch ein bisschen. Es ist zu jung.» Mich hat das damals tief beeindruckt. Und so ist es für mich inzwischen zu einer Art Sport geworden, allein am Geschmack einzuschätzen, wie alt das Eis ist, über das ich bei meinen Forschungsexpeditionen wandle. Ein kleiner Tipp für die Bestimmung: Einjähriges Meereis hat einen typischen Salzgehalt von fünf bis zehn Promille und schmeckt in etwa genauso salzig wie Nudelwasser. Wenn Sie heute in der Arktis auf über vier Jahre altes Meereis stoßen würden, wären Sie wahrscheinlich überrascht, wie wenig salzig es schmeckt.

Selbstverständlich validieren wir diesen Lecktest wissenschaftlich. Auch aus dem Meereis bohren wir Eiskerne, um es genauer zu untersuchen und herauszufinden, unter welchen Bedingungen es sich gebildet hat. An Bord der *Polarstern* analysieren wir sie bei –25 °C in unserem Eislaborcontainer. Aus der Mitte der Eiskerne sägen wir wenige Millimeter dicke Scheiben und platzieren sie auf einem Lichttisch. Während um uns herum Dunkelheit herrscht, werden in den hauchdünnen Scheiben die Solekanäle und Kammern erkennbar. Die wahre Magie der Kristalle wird aber erst dann deutlich, wenn wir das Eis zwischen zwei mit Polarisationsfolie beklebte Glasscheiben schieben: Jetzt offenbaren sich uns die einzigartigen Kristallstrukturen – es ist ein farbenprächtiges und jedes Mal wieder faszinierendes Schauspiel. Anhand dieser Strukturen können wir abschätzen, unter welchen

Bedingungen sich das Eis gebildet hat und wie es danach gewachsen ist. Wir können sehen, ob das Meer rau war und die Basis der Scholle eine Vielzahl von Pfannkuchen waren, oder ob es unter ruhigen Bedingungen entstanden ist und in der Kinderstube noch Nilaseis war, denn die Art des Gefrierens bestimmt die Mikrostruktur des Eises. Wenn unsere Eisproben geschmolzen sind, messen wir zuletzt den Salzgehalt und können so unsere Zungen für die nächste Eisstation eichen.

Dass unsere Reise durch die Arktis während der MOSAiC-Expedition so wenig Zeit in Anspruch genommen hat, hängt nicht nur damit zusammen, dass die Ausdehnung des Meereises zurückgeht – allein in den letzten Jahren verzeichnen wir einen Rückgang um drei Millionen Quadratkilometer, das ist eine Fläche, achtmal so groß wie Deutschland –, sondern auch und vor allem damit, dass das Meereis der Arktis jünger, dünner und poröser wird. Waren 1985 noch gut dreißig Prozent des arktischen Meereises älter als vier Jahre, sind es heute nur noch gut drei Prozent.

Dieses wenige ältere Eis ist meist dick und bildet eine zusammenhängende, dichte Anordnung von Schollen. Über Jahre können sich diese Schollen aneinander aufrichten und übereinanderschieben. Es entstehen sogenannte Presseisrücken, erstaunliche Formationen, längliche Aufwerfungen, die ein, zwei oder sogar bis zehn Meter hoch über den flachen Meereisebenen der Arktis aufragen, aber ebenso weit auch in die Tiefe reichen können. Dieses Eis ist viel beständiger als beispielsweise einjähriges Eis, das im Jahresrhythmus und bei steigenden Temperaturen leicht abschmilzt, um sich bei fallenden Temperaturen wieder neu zu bilden.

Während der MOSAiC-Expedition konnten wir hautnah erleben, wie dynamisch sich die Oberfläche des Packeises heute verändert. Es kam vor, dass wir die errichteten Forschungselemente auf der Scholle vor der *Polarstern* innerhalb kurzer Zeit abbauen und an anderer Stelle wieder aufbauen mussten, weil sich Risse gebildet hatten, die mitten durch unsere sorgsam errichteten Aufbauten verliefen. Dann wieder türmten sich neue Presseisrücken auf, an denen Schnee anwehte und dort in großen Hügeln verblieb. Das Meereis ist also einem starken saisonalen Zyklus ausgeliefert, sowohl in seiner Dicke als auch seiner Ausdehnung. Wie schon beschrieben, dehnt sich die Meereisfläche in den Polargebieten bis zum Ende des Winters aus, um über den Sommer unter Einfluss der Sonne wieder zu schrumpfen. Während diese saisonalen Schwankungen natürlich sind, beobachten die Forscher*innen jedoch in der Arktis über einen Zeitraum von dreißig Jahren einen signifikanten Rückgang des Meereises. Die Gründe für die Schmelze sind vielfältig. Die Erwärmung des Arktischen Ozeans und die höhere atmosphärische Wärmezufuhr spielen dabei eine entscheidende Rolle. Und auf beide Prozesse, die Aufheizung der Atmosphäre und des Ozeans, wirkt sich der Rückgang des Meereises wiederum verstärkend aus. Das geschieht vor allem durch einen abgesenkten Albedo-Effekt. Das Meereis in der Arktis reflektiert je nach Oberflächenbeschaffenheit und ohne Schneeauflage üblicherweise bis zu siebzig Prozent des Sonnenlichts – die Wärmezufuhr durch die Sonne ist dadurch in den Polarregionen stark reduziert, was wiederum zu neuer Eisbildung führt und den Albedo-Effekt erhöht. Verringert sich nun die von Meereis bedeckte Fläche und wird das Meereis insgesamt dünner, wird weniger Sonnenstrahlung reflektiert. Die dunklere Meeresoberfläche, Schmelztümpel auf dem Eis, die sich durch abschmelzenden Schnee bilden, oder so dünnes Eis, dass darunter das Meer sichtbar wird – all das führt dazu, dass ein großer Teil des einfallenden Sonnenlichts absorbiert wird. Die Rückstrahlquote der Sonnenstrahlung von dünnen, mit Schmelztümpeln überzogenen Eisschollen liegt nur noch bei 37 Prozent. Es wird wärmer, das schützende Meereis, das wie eine Grenze zwischen dem warmen Ozean und der Atmosphäre lag, schmilzt, die Wärme wird frei, weiteres Meereis schmilzt, der Albedo nimmt ab, weitere Meerflächen werden frei, es wird noch wärmer und so fort und so fort – ein Teufelskreis, einmal mehr.

Durch unsere Messungen verstehen wir immer besser, welchen Anteil das Meereis in seinen verschiedenen Ausformungen an dem «Kühlsystem Polarregion» hat. So verfängt sich beispielsweise an den schon erwähnten Presseisrücken Schnee, der ansonsten bei anhaltenden Winden oft frei auf den weiten Ebenen des Meereises fluktuiert. Die Folge war auf der MOSAiC-Expedition spürbar: Während auf dem ebenen Meereis die Schneedicke nur langsam zunahm und am Ende des Winters nicht einmal dreißig Zentimeter maß, sind wir hinter den Eisrücken nicht selten hüfttief im Schnee versunken. Das Eis wächst dadurch an jenen Stellen noch weiter an.

Und genau das ist es, was mich am Schnee – meinem Forschungsgegenstand – so fasziniert. Er isoliert das Meereis unter sich von der kalten Atmosphäre darüber und gibt gleichzeitig dem Meereis seine Farbe und bestimmt so die Albedo. Denn während der Schnee auf dem arktischen Meereis im Frühjahr immer wärmer, matschiger und damit dunkler wird, bis er schließlich ganz wegschmilzt, bleibt er in der Antarktis selbst im Polarsommer auf dem wenigen verbleibenden Meereis liegen. Und doch ist auch hier Weiß nicht gleich Weiß. Stattdessen verändern die Schneekristalle ihre Form und Größe und damit die Eigenschaften der weißen schützenden Schicht auf dem Meereis.

Mich mit dieser besonderen Form von Wasser wissenschaftlich auseinanderzusetzen, sie unter die Lupe zu nehmen, erfüllt mich immer wieder mit einer tiefen Zufriedenheit, sodass ich in der Regel nicht mehr viel von meiner Umgebung wahrnehme, sondern ganz in die Welt der Schneekristalle eintauche, wenn ich in meinen Schneeschächten auf dem arktischen und antarktischen Meereis arbeite. Schicht um Schicht arbeite ich mich auf meiner Scholle vor, nehme Proben und analysiere die Beschaffenheit des Schnees. Dabei beschäftigen mich Fragen wie diese: Welche und wie viele Schichten gibt es? Wie kompakt oder lose ist der Schnee? Welche Temperaturen herrschen in den einzelnen Schichten vor? Wie feucht ist er? Wie groß sind die einzelnen Kristalle – von der Oberseite bis zum Meereis?

Die Messmethoden gleichen dabei manchmal den Schneespielereien aus Kindertagen. Um zu überprüfen, ob die Schneeschmelze eingesetzt hat, versuche ich beispielsweise, einen Schneeball zu formen. Im arktischen und antarktischen Winter funktioniert genau das nämlich nicht. Dann ist der Schnee viel zu kalt und zu trocken. Stattdessen bilden sich in den tiefen Schichten sogenannte Tiefenreif-Kristalle. Diese wunderschönen, nahezu glasklaren Kristalle sehen aus wie winzige Tassen aus dem Porzellan einer Eisprinzessin. Der Anblick dieser Kristalle, wenn ich sie Monate später im antarktischen Sommer entdecke, löst in mir eine solche Faszination aus, dass ich die Stille der Arbeit in meinem Schneeschacht unterbreche und meine Kolleg*innen auf dem Eis dazu hole, damit sie meine Begeisterung teilen können. Wenn es wärmer ist, wird der Schnee feuchter und die sonst so filigranen Schneestrukturen verschwimmen, im wahrsten Sinne des Wortes: Der Schnee wird pappig und lässt sich formen. Und aus all diesen Beobachtungen kann ich ableiten, was der

Schnee im vergangenen Jahr auf dem Meereis erlebt hat, welchen saisonalen Veränderungen er unterworfen war und in welchem Zustand er sich in ebenjenem Moment befindet. Für mich ist die Untersuchung des Schnees eine in höchstem Maße befriedigende Arbeit, denn ich weiß: Er ist ein Frühwarnsystem für das darunterliegende Meereis. Wenn sich hier Veränderungen einstellen, werde ich durch meine Beobachtungen unter den Ersten sein, die davon erfahren, und meine Daten werden dazu beitragen zu prognostizieren, wie sich die Polargebiete in den kommenden Jahren verändern werden. Auf diese Weise bin ich Teil einer weltumspannenden Gemeinschaft von Wissenschaftler*innen, die daran mitarbeiten, diesen Planeten, der uns in all seinen Erscheinungen so viel über sich erzählen kann, besser zu verstehen und für seine Erhaltung zu sorgen. Eine winzige Beobachtung kann dabei den entscheidenden Unterschied machen. In der Antarktis verfolge ich zum Beispiel, dass nur innere Schichten des Schnees auf dem Meereis im Verlauf des Tages schmelzen und in den Abendstunden, wenn es kälter wird, wieder gefrieren. Dabei bilden sich kleine Eislinsen – ein ganz typisches Phänomen. Erwärmt sich nun auch die antarktische Atmosphäre weiter, werden sich in einer ersten Reaktion noch mehr dieser Eisschichten im Schnee bilden, und beim Blick durch meine Lupe würde ich diese Veränderungen erkennen und mit meinen Kolleg*innen teilen, bevor auch hier der Schnee schmilzt und anschließend das Meereis darunter. So weit ist es aber zum Glück noch nicht, wie die Ergebnisse meiner letzten Expeditionen ins Weddellmeer gezeigt haben. Vorläufig ist das ein gutes Zeichen für das antarktische Meereis.

Der Schnee spielt eine wichtige Rolle für das Klima, denn zum einen ist er ein guter Isolator, zum anderen spielen sich genau hier die entscheidenden Rückkopplungsmechanismen zwischen einer wärmer werdenden Atmosphäre und der Veränderung der Farbe des Eises ab. Um auch die saisonalen Veränderungen der Temperatur und der Dicke der Schneeauflage untersuchen zu können, bringe ich auf den Eisschollen Bojen aus, die mit den Schollen driften, ihre Daten per Satellitenverbindung nach Hause übermitteln und deren Messungen ich ganzjährig von Bremerhaven aus verfolgen kann. So erreicht mich die Geschichte des antarktischen Schnees auch zu Hause.

Wenn ich mir vom Schnee die Geschichte über sein Leben auf dem Meereis erzählen lasse, hat jeder einzelne Schneekristall schon einen einzigartigen Weg durch die Atmosphäre hinter sich. In den Wolken gefrieren Wassertröpfchen an sogenannten Gefrierkeimen, zum Beispiel an kleinen Ruß- oder Staubteilchen in der Luft, und so entsteht diese besondere Form von Eis. Die entstandenen Eiskristalle verketten sich darauf zu einem Gitter. Grundsätzlich gilt, dass Schneekristalle eine sechseckige Form haben. Das wusste schon Johannes Kepler, der im 17. Jahrhundert eine ganze Abhandlung darüber schrieb: «De nive sexangula» – Über die sechseckige Schneeflocke. Abhängig von der Temperatur, der Luftfeuchtigkeit und der Reise durch die Luftschichten entstehen völlig unterschiedliche Formen. Da dabei nie die exakt gleichen Bedingungen herrschen, geht man davon aus, dass jeder Schneekristall ein echtes Unikat ist. Denkt man diesen Gedanken zu Ende, so muss es unendlich viele Möglichkeiten geben, wie ein solcher Schneekristall aussehen kann. Schon alleine das macht Schnee so faszinierend und jeden einzelnen Kristall einzigartig. Die einzelnen Kristalle sind unfassbar zerbrechlich. Einer meiner Kollegen, Thomas Hoffmann, der Ingenieur des Überwinterungsteams der Neumayer-Station III im Jahr 2018, hat eine Technik entwickelt, die diese fragilen Gebilde konserviert. Dazu muss man wissen: Wenn es in der Antarktis sehr, sehr kalt und nicht zu windig ist, kommen einzelne Kristalle nahezu unversehrt auf der Erde an. Thomas hat sie in genau jenen Momenten mit viel Fingerspitzengefühl mit kleinen Objektträgern aufgefangen, darauf eine von ihm eigens für diesen Versuch angemischte Flüssigkeit auf den Kristall gegeben und alles mit einer weiteren kleinen Glasplatte von oben abgedichtet. Dann war Geduld gefragt: Über die folgenden Tage musste die Flüssigkeit zwischen den beiden Plättchen bei tiefen Temperaturen aushärten. Zurück bleibt der Negativ-Abdruck des ursprünglichen Kristalls - konserviert zwischen den beiden Plättchen. Thomas hat diese Technik in den letzten Jahren perfektioniert. Auch während der MOSAiC-Expedition hat er uns nicht nur mit allen erdenklichen Arbeiten auf dem Eis und auf dem Schiff unterstützt, sondern auch ein einzigartiges Mitbringsel aus der zentralen Arktis gefertigt: das Abbild eines einzelnen Schneekristalls, das in meinem Wohnzimmer einen ganz besonderen Platz gefunden hat.

Ob der Schnee auch in Zukunft in Antarktis und Arktis seine isolierende Wirkung auf Meereis entfalten kann, hängt von unzähligen Faktoren ab, und die überall auf der Welt ansteigenden Temperaturen wirken sich nicht nur direkt, sondern auch vermittelt auf ihn aus: Im Sommer 2021 erlebte Russland die größten Wald- und Flächenbrände in der Geschichte des Landes. Mehr als siebzehn Millionen Hektar Wald fielen vor allem in Sibirien den Flammen zum Opfer - mit gravierenden Auswirkungen für den Permafrost in dieser Region, für die Kohlendioxidbelastung in der Atmosphäre, aber auch für den Schnee in der Arktis. Eine riesige Rauchwolke zog nach Norden und erreichte erstmals den Nordpol. Auch die Antarktis ist von solchen Ereignissen betroffen - immer dann, wenn große Brände am Amazonas-Regenwald wüten. Wird dieser Ruß vom Schnee aufgenommen, hat das Einfluss auf seine Fähigkeit, Sonnenstrahlen zu reflektieren. Kohlekraftwerke und die Verbrennung von Schiffsdiesel befeuern den Rußeintrag in Schnee und Eis noch, und vor allem Letzteres entwickelt sich in der Arktis zu einem virulenten Problem. Mit dem Tauen des arktischen Meereises werden neue Seewege schiffbar, und schon jetzt nimmt der Schiffsverkehr im Nordpolarmeer durch die zeitweise befahrbare Nordostpassage deutlich zu und beschleunigt durch die Verbrennung von Schiffsdiesel mitten in dieser über Jahrtausende unzugänglichen und dadurch lange unberührten Natur den fortgesetzten Rückgang des Meereises.

Im eisbedeckten Südpolarmeer sorgen noch ganz andere Prozesse dafür, dass trotz der bis zu einem Meter dicken Schneeauflage die weiße Farbe des Schnees dunkler wird. Im antarktischen Sommer 2020 gingen Bilder von blutrotem Schnee im Umfeld der ukrainischen Forschungsstation um die Welt. Verantwortlich für diesen sogenannten «Blutschnee» sind Schneealgen, die im Sommer in den Polargebieten massenhaft auftreten können. Die einzelligen Algen leben im dünnen Wasserfilm auf angeschmolzenem Schnee. Die steigenden Temperaturen durch die Klimaerwärmung sorgen für immer bessere Bedingungen für die Schneealgen. Vor allem in Küstenbereichen, wo Pinguine oder Robben durch ihren Kot die Algen düngen, können sie dann in Massen vorkommen. Die Algen sind nicht immer rot, es gibt sie auch in Grün, doch egal welche Farbe sie haben, sie sorgen dafür, dass der Schnee dunkler und damit der Albedo deutlich reduziert wird – ein weiterer Erwärmungseffekt. Neueste wissenschaftliche Erkenntnisse zeigen, dass die Schneealgen vor allem an den Küsten der antarktischen Halbinsel eine nicht unerhebliche Rolle bei der Schnee- und Eisschmelze spielen. Aber auch auf dem Meereis können sich die Algen im Schnee wiederfinden. Normalerweise schwimmt das Meereis auf dem Ozean, so wie auch die Eisberge: Ein Zehntel über der Wasseroberfläche, neun Zehntel darunter. Man nennt diesen Zustand hydrostatisches Gleichgewicht. Wenn nun aber zusätzlicher Schnee auf das Meereis fällt, kommt dieses Gleichgewicht ins Schwanken. Wird die Schneeauflage zu dick, drückt das zusätzliche Gewicht des Schnees das Meereis unter die Wasserlinie. Folglich kann Wasser auf die Grenzfläche zwischen Meereis und Schnee laufen. Wenn das Wasser hier gefriert, wächst das Meereis sozusagen von oben. Man nennt dieses Eis «Schneeeis». Ein Mix aus Schnee und Meerwasser. Da im Meerwasser ebenfalls Algen leben, werden diese mit in die Eissäule eingebaut – es entsteht biologisch gefärbtes Schneeeis, das bei Sonneneinstrahlung ebenfalls schneller abschmilzt. Sollte zukünftig das antarktische Meereis durch solche Prozesse dünner werden, steigt die Wahrscheinlichkeit, dass es häufiger zur Flutung des Meereises kommt – und somit zur Bildung von braunem Eis an der Oberfläche. Das Meereis wird auch hier dunkler, der Albedo also niedriger, und begünstigt das Schmelzen von oben.

Obwohl auch die Antarktis von steigenden Temperaturen und dem Rückgang der Eisschilde betroffen ist, hat die Meereisausdehnung dort in den vergangenen Jahren im Mittel im antarktischen Winter sogar ein wenig zugenommen – und das entgegen der Prognosen unserer Modelle, weshalb wir Forscher*innen auch vom sogenannten «Antarktischen Meereisparadoxon» sprechen.

Lange konnten wir uns nicht erklären, warum unsere Simulationen, die auch für das antarktische Meereis einen Rückgang prognostizierten, durch unsere Beobachtungen nicht belegt werden konnten. Deutlich wurde, dass wir offenbar noch zu wenig über das antarktische Meereis wussten und die Modellberechnungen deshalb nicht genau genug waren, um eine möglichst hieb- und stichfeste Voraussage zu treffen. Was war die Ursache für dieses Auseinanderklaffen von wissenschaftlichen Zukunftsprojektionen und den realen Vorgängen in der Antarktis? Das herauszufinden, gehört zu den aktuellen Herausforderungen in der Antarktisforschung.

Erste Ergebnisse deuten darauf hin, dass ein Grund für die paradoxe Zunahme in den durch den Klimawandel veränderten Windverhältnissen zu suchen ist. Durch die abgeschiedene Lage des antarktischen Kontinents bildet sich das Meereis hier anders als in der Arktis. Da die Antarktis nichts als ein weites Ozeanband umgibt, kann der anhaltende Wind in der Region das Eis im Sommer wie im Winter stetig nach Norden transportieren. Im Winter sorgt dieser Eistransport dafür, dass eine sehr große Meereisausdehnung erreicht werden kann. Bis zu achtzehn bis zwanzig Millionen Quadratkilometer im September. Dabei trägt der Wind das Meereis stetig vom Kontinent weg – es bilden sich sogenannte Küstenpolynien. Diese kurzzeitig eisfreien Zonen gelten als Meereisfabriken des Südozeans, da die kalte Atmosphäre immer wieder die obere Schicht des Ozeans abkühlt und zu neuem Meereis gefrieren lässt. Dieses wird wieder vom Wind von der Küste weggetrieben, und der Kreislauf beginnt von Neuem.

In der Antarktis haben die ablandigen Winde deutlich zugenommen und treiben das Meereis weiter von der Küste weg. Auf diese Weise entstehen immer mehr sogenannte Meereisfabriken. Die niedrigen Lufttemperaturen der Antarktis und die vergleichsweise dicke Schneeschicht auf dem Eis tragen zu dieser positiven Entwicklung bei. Die Ausdehnung des antarktischen Meereises scheint deshalb im Gegensatz zum arktischen Meereis kein sinnvoller Indikator für den globalen Klimawandel zu sein, denn diese sagt nichts über die Temperatur in der südlichen Polarregion aus. Inzwischen ist eine Gruppe von Forscher*innen des AWI der Lösung des Paradoxons auf der Spur: Kleine, aber sehr stabile Ozeanwirbel von zehn bis zwanzig Kilometern Größe – sogenannte Eddies – wirken wie isolierende Wärmepuffer und tragen dadurch entscheidend dazu bei, die Folgen des Klimawandels im Südpolarmeer abzumildern. Erkennbar wurden diese Ozeanwirbel durch besser aufgelöste Computersimulationen. Unter Einbeziehung dieser hochauflösenden Klimamodelle zeigt sich allerdings auch, dass bei fortschreitendem Klimawandel die puffernde Wirkung der Eddies um die Mitte dieses Jahrhunderts zusammenbrechen und dann auch das Meereis der Antarktis bis zum Ende des Jahrhunderts rasch abschmelzen wird.

Die weiten weißen Flächen auf dem Globus meines Bruders werden verschwinden, wenn es uns Menschen nicht gelingt, die weltweiten Kohlenstoffdioxid-Emissionen zu reduzieren. Wenn das geschieht, wird dieses Verschwinden sich direkt auf die Atmosphäre auswirken und die Temperaturen auf dieser Erde weiter in die Höhe treiben. Wir müssen also jetzt handeln. Je weniger sich unser Planet erwärmt, desto weniger eisfreie Sommer werden wir im Arktischen Ozean erleben, desto weniger Anteile der antarktischen und grönländischen Eisschilde werden verloren gehen und desto langsamer steigt der Meeresspiegel. Denn eins ist schon jetzt klar: Das Schwinden des Eises betrifft längst nicht mehr nur das sichtbare Eis.

Das unsichtbare Eis der Erde

Zu Beginn des Jahres 2021 ging eine Meldung durch die Medien, die eine kleine Sensation war: Aus den Zähnen von Mammuts hatten Forscher*innen die ältesten DNA-Spuren gewonnen, die der Wissenschaft jemals zur Verfügung standen. Das älteste gefundene Mammut ist wahrscheinlich 1,65 Millionen Jahre alt. Solche spektakulären Funde sind möglich und werden wahrscheinlich auch immer häufiger, weil die Kühltruhe, in der sie seit Millionen Jahren liegen, langsam abtaut.

Gefunden wurden die fossilen Überreste im tauenden Permafrost Sibiriens. Permafrostböden sind dauerhaft – mindestens über den Zeitraum von zwei aufeinanderfolgenden Jahren – gefroren. Nur die Oberfläche taut im Sommer auf, der Boden unterhalb von ungefähr einem halben Meter bleibt gefroren. In Zentralsibirien reicht der Frost bis in eine Tiefe von über 1500 Metern. Solche mächtigen Permafrostvorkommen stammen noch aus den letzten Eiszeiten und würden sich unter den heutigen Bedingungen nicht mehr bilden. Permafrost gibt es in hohen Gebirgen wie im Himalaya oder auch in den Alpen. In Deutschland gilt die Zugspitze mit ihren 2962 Höhenmetern als Permafrostgebiet. Das klingt nach viel, ist aber ziemlich klein und dazu noch auf dem Rückzug. Die wirklich großen Flächen findet man in den nördlichen Polargebieten. Ungefähr ein Viertel des Festlandes der Nordhalbkugel besteht aus Permafrostböden, vor allem in Sibirien, Grönland,

Kanada und Alaska. In der Antarktis haben Permafrostböden nur eine relativ geringe Ausdehnung, da das Land dort zum großen Teil vom Eisschild bedeckt ist.

Der gefrorene Boden ist eine gigantische Tiefkühltruhe und speichert große Mengen an abgestorbenen Pflanzenresten, fossile Kleinstlebewesen wie Rädertierchen, aber auch Vögel, Säugetiere bis hin zu den uralten Mammuts. Tiefgefroren wird dieses organische Material nicht von Bakterien abgebaut, da diese unter solch lebensfeindlichen Bedingungen nicht oder nur wenig aktiv sind. Daher sind, wie in unseren Tiefkühltruhen, viele der eingefrorenen Tiere und Pflanzen noch sehr gut erhalten, was DNA-Analysen und damit spannende Erkenntnisse wie die Altersbestimmung und Abstammung der kürzlich gefundenen Mammuts möglich machen.

Doch wenn der Boden zu tauen beginnt, nehmen die Bakterien ihre Arbeit wieder auf und zersetzen das organische Material im Boden. Dies besteht, wie alle lebenden Organismen, vor allem aus Kohlenstoff, der bisher im Boden gebunden war, dann aber frei wird und als Kohlenstoffdioxid oder Methan in die Atmosphäre gelangt. Und es ist eine unvorstellbare Menge an Kohlenstoff, der in den Permafrostgebieten gebunden ist. Wissenschaftler*innen vermuten, dass der gefrorene Boden in der Permafrostregion bis zu 1600 Gigatonnen Kohlenstoff speichert – fast doppelt so viel, wie die Menge die unsere gesamte Atmosphäre zurzeit enthält. Auch hier ist ein besorgniserregender Teufelskreis in Gang geraten: die sogenannte Permafrost-Kohlenstoff-Rückkopplung. Die derzeitige Erderwärmung lässt den Permafrost tauen, und dieser Vorgang setzt die Treibhausgase Kohlendioxid und Methan frei, die wiederum zur globalen Temperaturerhöhung in der Atmosphäre beitragen. Eine wärmere Atmosphäre erwärmt wiederum den Boden, und das Tauen des Permafrostes beschleunigt sich – immer mehr Treibhausgase gelangen in die Atmosphäre. Methan gilt dabei als deutlich klimawirksamer als Kohlendioxid. Über einen Zeitraum von 100 Jahren hat die gleiche Menge eine 28-mal so starke Treibhauswirkung wie Kohlendioxid.

Seit Jahren wird ein Auftauen des dauerhaft gefrorenen Bodens in den nördlichen Polarregionen festgestellt. Mitarbeiter*innen des AWI beobachten seit Beginn der Messungen im Jahr 1998 nahe der Siedlung Ny-Ålesund auf Spitzbergen einen starken Tauprozess. Der Boden dort zeigt in einigen Gebieten schon Jahresdurchschnittstemperaturen über dem Gefrierpunkt, sodass sie per Definition schon gar nicht mehr als Dauerfrostgebiete gelten. Eine weltweite Vergleichsstudie von 2019 ergab, dass in allen Permafrostgebieten die Temperatur in mehr als zehn Metern Tiefe im Zeitraum von 2007 bis 2016 um durchschnittlich 0,3 °C gestiegen ist. Überall steigen die Durchschnittstemperaturen. Der Norden Sibiriens wird in den letzten Jahren im Sommer immer wieder von einer starken Hitzewelle heimgesucht. 2021 – dem Jahr der großen Waldbrände – wurden Temperaturen von 38 °C gemessen. Stellenweise war es an den Küsten der Barentssee heißer als zur gleichen Zeit an den Mittelmeerstränden in Italien und Südfrankreich. Diese ungewöhnliche Hitze begünstigt großflächige Wald- und Tundrabrände. Zwar gibt es im Sommer schon seit jeher Feuer in Sibirien, doch nicht in einem solch historischen Ausmaß. Diese Brände tragen zum einen zum Absterben der lokalen Vegetation bei und verzehren die obersten Torfböden. Diese sind eine wichtige Isolationsschicht für den Permafrost. Verschwinden sie oder werden beschädigt, setzen die steigenden Temperaturen den Permafrostböden immer mehr zu. Zum anderen beschleunigen Feuer dieses enormen Ausmaßes direkt das Abtauen der Böden und damit die Freisetzung von Treibhausgasen. 2020 setzten sie so viel Kohlendioxid frei wie nie zuvor seit Beginn der Aufzeichnungen, und wie wir gelesen haben, schädigen sie nicht nur das Land, auf dem sie wüten, sondern wirken sich vermittelt inzwischen auch auf die Polarregionen aus.

Für die Bewohner*innen der betroffenen Gebiete ist die Gefahr nicht nur wegen der verheerenden Feuer sehr konkret, denn ihnen zieht der Tauprozess im wahrsten Sinne des Wortes den Boden unter den Füßen weg. Wenn das uralte Eis im Boden nicht mehr vorhanden ist, verliert dieser seine Stabilität. Es kommt zu Erdrutschen, ganze Ebenen werden zu Sumpfgebieten, und die Infrastruktur nimmt großen Schaden. Häuser, Straßen, Brücken und Leitungen werden zerstört. In Russland, Alaska und Kanada sind Erdöl-Pipelines in Gefahr, und damit drohen wiederum ganze Regionen durch Lecks und Brüche verseucht zu werden. Weltweit sind über tausend Siedlungen und Städte mit etwa fünf Millionen Menschen betroffen. Im Norden Sibiriens nehmen die Schäden mittlerweile ein so großes Ausmaß an, dass auch die Politik die Augen nicht mehr vor dem Klimawandel verschließen kann.

Neue Forschungsergebnisse zeigen, dass der schnelle Auftauprozess das Potenzial hat, Stoffe freizusetzen, die seit Tausenden von Jahren eingeschlossen waren. Nicht ohne Folgen für das Ökosystem und damit auch für uns Menschen. Denn in manchen Regionen Sibiriens haben giftige oder radioaktive Abfälle den Boden verseucht, was durch den Dauerfrost bisher als unproblematisch galt. Auch jahrtausendealte, antibiotikaresistente Bakterien oder unbekannte Viren können durch das Abtauen der Permafrostregionen wieder Teil des lebenden Ökosystems werden. Was wie das Drehbuch eines Hollywood-Blockbusters klingt, ist längst Realität. Im Labor wurden solche Versuche bereits gemacht und die uralten Mikroben erfolgreich zum Leben erweckt. Was ein unbekanntes Virus anrichten kann, wenn es weltweit keine Immunität dagegen gibt, wissen wir seit Ausbruch der Coronapandemie alle nur zu gut.

Die Polargebiete, das vergessen wir manchmal, sind mehr als ihre Eisschilde, als Meereis und Schnee. Dazu gehören neben der Atmosphäre eben auch die riesigen Landmassen im Norden – deren Bodenschichten bis in große Tiefe und zum Teil seit vielen Tausend Jahren gefroren sind. Dazu gehört auch der Ozean, der sich in allem, was Arktis und Antarktis ausmachen, wiederfindet. Wasser – ist es nicht erstaunlich – ist der einzige Stoff unserer Erde, der in der Natur in drei Aggregatzuständen vorkommt. Und wenn wir auf dem Meereis in der Arktis stehen, sind wir von genau diesen umgeben: Wir stehen auf dem festen Eis, unter uns erstreckt sich die flüssige Wassersäule, und die Luft ist so erfüllt von Wasserdampf, dass sich Nebel bildet. Springen wir kopfüber hinein in die besonderen Meere der Polarregionen.

TEIL III
Ein neuer Ozean

Die Weltreise der Enten

Auf dem Weg in die Antarktis, wenn ich an Deck der *Polarstern* stehe, zeigt sich mir tagein, tagaus dasselbe Bild bis zum Horizont: der blaue tosende Ozean. Selbst nach Tagen könnte man meinen, dass das nächste Land schon nicht so weit entfernt und die *Polarstern* so viele Seemeilen noch nicht hinter sich gebracht haben kann. Lauscht man jedoch dem Wind, spürt man sehr wohl, dass wir einen südlichen Kurs eingeschlagen haben. Nicht umsonst sprechen wir zwischen dem 40. und 50. Breitengrad Süd von den sogenannten «Roaring Forties», den «Brüllenden Vierzigern», zwischen dem 50. und 60. von den «Furious Fifties», den «Wilden Fünfzigern», und zwischen dem 60. und 70. von den «Screaming Sixties», den «Heulenden Sechzigern». Je weiter wir nach Süden vordringen, desto wilder wird die Fahrt, werden die Crew und die Forschungsteams auf dem Schiff ordentlich durchgeschüttelt.

Wenn die See auf der Fahrt in die Südpolarregionen hoch geht, lenken mich meine Schritte meist unweigerlich auf die Brücke der *Polarstern*, denn dort weitet sich der Blick in alle Richtungen bis an den Horizont – nichts hilft besser bei aufkommender Seekrankheit. Oft bin ich dort oben nicht allein, sondern teile mir die Plätze ganz weit vorne, wo die Fenster bis zum Boden reichen, mit meinen Kolleg*innen, und wir alle blicken auf das endlose Blau. Diese gemeinsamen Stunden haben etwas sehr Verbindendes, denn letztendlich – egal ob wir Wissenschaftler*innen die Atmosphäre, die Kryosphäre oder die Ökosysteme erforschen: Um die durch den Klimawandel angestoßenen Prozesse besser zu verstehen und die Puzzleteile des Klimasystems aneinanderzufügen, kommen wir an der Betrachtung der Hydrosphäre – der endlos blauen Flächen auf unserem Globus – nicht vorbei. An Bord der *Polarstern* ist daher ein Schwerpunkt der wissenschaftlichen Arbeit die Erforschung des Meeres.

Neben der detaillierten Untersuchung der Zusammensetzung des Wassers über die ganze Wassersäule hinweg, der Strömungen und ihrer Geschwindigkeit stellt sich auch hier die Frage: Wie kalt ist das Wasser in den unterschiedlichen Schichten des Ozeans, und wie steht es um den Kohlenstoffdioxidgehalt, schließlich ist der Ozean unsere größte und wichtigste Kohlenstoffsenke. Bei den Untersuchungen an Bord richten wir den Blick auch auf den Meeresboden, entnehmen Sedimentkerne oder fangen zum Beispiel mithilfe von Netzen Fische und Meerestiere. Die Proben helfen uns zu verstehen, wie das Ökosystem in den Polarmeeren auf den Klimawandel reagiert und ob zum Beispiel Veränderungen in der Biodiversität des Südozeans aufgrund der sich verändernden Umweltbedingungen sichtbar werden. Biolog*innen untersuchen daher ihre Fänge stundenlang, um ja kein wichtiges wissenschaftliches Material zu verpassen. Bis spät in die Nacht stehen sie Schulter an Schulter und sortieren mit bloßen Händen und Pinzetten alles, was sich bewegt. Und nicht selten werden hier auch fachfremde Augen trainiert, um noch effizienter zu arbeiten. So habe ich schon erlebt, dass einer unserer Helikoptertechniker nach Feierabend gebückt an einem der langen Tische im großen Nasslabor stand und kleine Fische sortierte.

In dieser isolierten Welt fernab der Zivilisation lerne auch ich seit Tag eins nicht nur viel über mein eigenes Forschungsfeld, sondern gewinne Einblicke in die Arbeit der Kolleg*innen aus allen Bereichen der Polarforschung. Auf diese Weise können wir Brücken zu den anderen Disziplinen schlagen. Denn schließlich spielen die Meere auch in meinem Forschungsbereich eine entscheidende Rolle, zum Beispiel bei der Entstehung und Verteilung des Meereises, seinem saisonalen Abschmelzen oder der Umverteilung durch Winde, also die Meereisdrift. Gleichzeitig ist das Eis in Antarktis und Arktis ein grundlegender Faktor in der vertikalen Bewegung der riesigen Wassermassen der Meere, wie wir später in diesem Kapitel noch sehen werden.

Sagenhafte 1234 Trillionen Liter Wasser gibt es auf unserem Planeten. Über 95 Prozent davon entfallen auf die großen blauen Flächen des Globus meines Bruders: Siebzig Prozent der Erdoberfläche sind von Meeren bedeckt. Allein diese gigantische Menge führt uns vor Augen, welch große Rolle das nasse Element auf unserem Planeten spielt, und gerade wissenschaftliche Erkenntnisse aus den Polargebieten sind für die Beurteilung dieses Klimasystems von großer Bedeutung. Denn Arktis und Antarktis spielen ähnlich wie im globalen Windsystem eine wichtige Rolle bei der Umverteilung der riesigen Wassermassen auf unserem Planeten. Dass dieses Wasser weiterhin in Bewegung bleibt und auf riesigen Förderbändern um den Globus fließt, das liegt einmal mehr an den Temperaturunterschieden zwischen den Polargebieten und den Tropen. Erneut ist die relative Kälte der Polarregionen die treibende Kraft für weltumspannende Austauschbewegungen – hier von im Wasser gelösten Gasen, wie zum Beispiel Sauerstoff oder Kohlendioxid, Nährstoffen und vor allem Wärmeenergie. Denn je nachdem, ob die Atmosphäre über der Wasseroberfläche kälter oder wärmer ist als das Meerwasser, wird Wärme aufgenommen oder abgegeben.

Neben dem Temperaturgefälle zwischen den Polarregionen und den Tropen spielen wie bei den großen Strömungsbewegungen in der Luft auch Dichteunterschiede eine wichtige Rolle bei der Umverteilung des Wassers. Diese kommen durch den variierenden Salzgehalt und die unterschiedlichen Temperaturen des Meerwassers zustande. Wenn sich im Winter in den Polarregionen Meereis bildet, wird dabei Salz freigesetzt, da bei der Eisbildung nur die Wassermoleküle kristallisieren. Das Salz sickert nach und nach in Form von Sole Richtung Unterseite des Eises und von dort ins Wasser. Dieses kalte und mit Salz angereicherte Oberflächenwasser sinkt aufgrund seiner höheren Dichte nach unten ab, während weniger dichtes, warmes Wasser aus der Tiefe nachströmt – es entsteht eine vertikale Strömungsbewegung. Das von der Oberfläche absinkende Wasser ist mit Sauerstoff und Nährstoffen angereichert und versorgt damit die tieferen Regionen des Ozeans. Einmal in jenen Gefilden angelangt, fließt das kalte, salzhaltige Wasser wiederum in Richtung der wärmeren Wassermassen am Äquator und steigt mit abnehmendem Salzgehalt und zunehmender Temperatur wieder nach oben auf, um dort wiederum in Richtung der kälteren Pole zu fließen – Fachleute sprechen von der thermohalinen Zirkulation: eine riesige und gut funktionierende Umwälzung, durch die das weltweite ozeanische Strömungssystem maßgeblich bestimmt ist.

Anfang der 1990er-Jahre rückten die weltumspannenden ozeanischen Förderbänder unfreiwillig und auf eher unkonventionelle Art und Weise in den Fokus der Öffentlichkeit. Am 10. Januar 1992 geriet ein Frachtschiff auf dem Weg von Hongkong nach Nordamerika in einen schweren Sturm und verlor im Nordpazifik einen Teil seiner Ladung. Fast 29 000 gelbe Enten, grüne Frösche, blaue Schildkröten und rote Biber aus Plastik landeten nicht in amerikanischen Badewannen, sondern im Meer, wurden dort von der Strömung erfasst und begaben sich mit dieser auf eine Reise um die Welt. Ozeanforscher*innen wurden auf sie aufmerksam, da diese kleinen, unfreiwilligen Bojen, je nachdem, wo sie gefunden wurden, aufschlussreiche Informationen über die Meeresströmungen preisgaben. Und seither schwimmen die Plastiktiere im Dienst der Wissenschaft um den Globus. Die meisten dieser *Friendly Floatees* trieben nach Süden und wurden an den Küsten Indonesiens, Australiens und Südamerikas angespült. Rund ein Drittel der Spielzeugtiere schwamm allerdings durch die Beringstraße, fror im Nordpolarmeer ein und driftete mit dem Meereis, bis dieses sie im Nordatlantik wieder freigab. Im Jahr 2007 fanden Spaziergänger Badetiere im Süden Englands – rund 27000 Kilometer vom Ort der Havarie entfernt. Und wahrscheinlich treiben noch immer viele dieser Tiere unfreiwillig rund um die Welt und dokumentieren eindrucksvoll, wie unsere Meere miteinander verbunden sind.

So faszinierend die Weltreise der Entchen und Frösche auch sein mag, letztendlich zeigen sie uns auch eine traurige Wahrheit: Plastik, das in unseren Weltmeeren treibt, ist selbst nach dreißig Jahren noch vorhanden. Das Plastik löst sich nicht auf, sondern wird nur kleiner und damit zu sogenanntem Mikroplastik. Das meiste davon ist winzig, weniger als hundert Mikrometer groß und damit quasi unsichtbar. Mit fatalen Folgen für das Ökosystem. Nach neuesten Untersuchungen nehmen Wale jeden Tag drei Millionen Teilchen an Mikroplastik mit der Nahrung auf – mit jedem einzelnen Happen 25000 Mikroplastikteilchen.

Dass die Polarregionen über die Strömungssysteme mit dem Rest der Welt in engem Austausch stehen, das zeigen auch die erschütternden Ergebnisse des Teams um die AWI-Meereisbiologin Ilka Peeken. 2014 und 2015 untersuchten die Wissenschaftler*innen auf Expeditionen mit der *Polarstern* Eisbohrkerne aus dem arktischen Meereis. Pro Liter zählten sie über 12 000 Mikroplastikteilchen, und auch der arktische Meeresboden ist mit Kunststoffpartikeln angereichert. Sogar im arktischen Schnee haben wir in einer Untersuchung des AWI von 2019 Mikroplastik gefunden. Forscher*innen konnten nachweisen, dass dieses Mikroplastik über die Meeresströmungen aus zum Teil weit entfernten Regionen in die Arktis gelangt.

Neuesten Studien zufolge ist die Mikroplastikbelastung des Nordpolarmeeres vor allem auf synthetische Fasern zurückzuführen, die zum größten Teil aus unseren Waschmaschinen in den Privathaushalten stammen. Es ist ein hoher Preis, den die Meere und auch die Polarregionen, ja, unser gesamter Planet für unsere kuscheligen Fleece-Pullis, die Hightech-Sportklamotten und wechselnden Modetrends bezahlen. Wissenschaftlichen Schätzungen zufolge treiben mehr als 140 Millionen Tonnen Plastikmüll in unseren Ozeanen. Jährlich kommen geschätzte 4,8 bis 12,7 Millionen Tonnen dazu. Eine Lastwagenladung pro Minute! Plastiktüten, Verpackungen, Feuerzeuge, Peeling-Kügelchen aus Kosmetika, aber auch Abriebe von Lacken, Fischernetze aus Kunststoff und unsere Kleidung – die Liste ist endlos! Noch in die letzten Winkel der Ozeane wird dieses Plastik über die Strömungen transportiert. In den letzten Jahren konnten Wissenschaftler*innen nachweisen, dass inzwischen auch Mikroplastik in die unberührten Lebensräume der Antarktis gelangt ist. Dort ist der Plastikmülleintrag noch nicht ganz so dominant wie in den nördlichen Polarregionen. Ein Faktor hierfür ist der sogenannte Zirkumpolarstrom, der Wasserring, der die Antarktis umschließt und damit einem Großteil der Meeresverschmutzung den Weg in die antarktischen Breiten versperrt. Außerdem schottet dieser Ringozean die Antarktis üblicherweise vor wärmeren Strömungen aus den Tropen ab und sorgt so dafür, dass das Wasser um den Kontinent kalt bleibt. Denn der Ringozean fließt nicht nur rund um den Kontinent, sondern er bildet immer wieder Wasserwirbel, sodass an der Oberfläche auch Wasser Richtung Norden abfließt und kaltes Wasser aus den Tiefen nachströmt, was ebenfalls als Bremse gegen eine Erwärmung wirkt. In den letzten Jahren verzeichnen wir auch hier steigende Temperaturen; warum das so ist, wissen wir aber noch nicht genau.

Während im Südpolarmeer die Strömungsmuster noch weitgehend stabil sind, wirken sich auf der Nordhalbkugel die Schmelzprozesse am grönländischen Eisschild schon merklich auf diese aus. Das Schmelzwasser der Eisschilde lässt nicht nur den Meeresspiegel ansteigen, sondern es verringert auch den Salzgehalt im Nordatlantik – man kann es sich vorstellen wie einen andauernden Prozess der Verdünnung, wodurch sich die Dichteunterschiede des Wassers verändern –, und das mit weitreichenden Folgen für das globale maritime Strömungssystem unserer Erde.

The Day After Tomorrow

Riesige Eisberge, dazwischen einzelne Eisschollen, die das Panorama der unendlichen weißen Landschaft vervollständigen – immer detailreicher wird das Bild, je mehr wir uns dem antarktischen Kontinent annähern, immer mehr Konturen zeichnen sich ab. Am Horizont ragt das Bergpanorama der antarktischen Halbinsel über dem Larsen-B-Eisschelf an der Ostküste auf, benannt nach dem norwegischen Walfänger und Antarktisforscher Carl Anton Larsen, der hier schon 1893 mit seinem Schiff, der *Jason*, vorbeisegelte. Wir folgen einer internationalen Forschungsgruppe, die hier die Möglichkeit hat, wertvolle Proben aus der Region zu gewinnen. Noch während die Wissenschaftler*innen in ihrem Eiscamp auf dem Schelfeis Eiskerne ziehen, werden wir Zeugen, wie ein Eisberg in der Größe von Rhode Island vom antarktischen Schelfeis abbricht. Das Larsen-B-Eisschelf zerfällt. Umso wertvoller sind die gerade gewonnenen Proben aus dem Klimaarchiv unserer Erde.

Auf der Klimakonferenz in Neu-Delhi im selben Jahr werden klare Zusammenhänge zwischen dem steigenden Kohlendioxidgehalt in der Atmosphäre, der globalen Erwärmung und dem Abschmelzen der Polkappen gezogen. Nicht nur der Klimawandel wird klar benannt, sondern auch eine seiner dramatischen Folgen: das Versiegen des Golfstroms. Während die Beratungen im Saal voranschreiten, fällt vor dem Gebäude der Klimakonferenz dichter Schnee, in Tokio schlagen tennisballgroße Hagelkörner auf der Erde ein, und in verschiedenen Regionen der Erde verwüsten Superstürme ganze Städte.

Bis hierher dachten Sie womöglich noch, dass ich von meiner Forschung im Südozean berichte. Ein Trugschluss. Mit diesen Szenen startet der Blockbuster *The Day After Tomorrow*. Die Bilder, die 2004 über die Kinoleinwände flimmerten, schienen ein unwirkliches Szenario widerzuspiegeln – ein typischer Katastrophenfilm eben: Die ganze Nordhalbkugel versinkt in Schnee und Eis, eine neue Eiszeit beginnt, und mittendrin stapft der Hauptdarsteller durch den Schnee und sucht nach seinem Sohn. Die Bilder scheinen unrealistisch, völlig übertrieben. Doch sind sie das wirklich?

Seit 2021 reißen die Berichte über das mögliche Versiegen des Golfstroms nicht mehr ab: «Golfstrom vor dem Kollaps?», «Hinweise auf Kollaps des Golfstroms» oder auch «Meeresforscher prophezeien Kollaps des Golfstroms» titeln Zeitungen und Magazine. Klar ist, dass die Meeresströmungen unserer Erde ähnlich wie die Luftströmungen Veränderungen unterworfen sind, in denen auch die Polarregionen eine entscheidende Rolle spielen.

Der Golfstrom ist Teil eines gigantischen Strömungssystems, das warmes Wasser aus dem Süden an der Oberfläche der Ozeane Richtung Norden transportiert. Auf seinem Weg kühlt dieses Wasser immer weiter ab und nimmt dadurch an Dichte zu. Einmal in polaren Gefilden angekommen, sinkt es durch die höhere Dichte in die Tiefe und strömt von dort wieder zurück in Richtung Tropen. Wir nennen diese Strömung auch «Atlantic Meridional Overturning Circulation», kurz AMOC, die «Atlantische Meridionale Umwälzbewegung».

In der Wissenschaft wird als Golfstrom nur ein Teil dieser Zirkulation bezeichnet. Seine Verlängerung ist der Nordatlantikstrom. Auf dem Weg Richtung Arktis kühlt diese

1 Die *Polarstern* bricht sich ihren Weg durch das antarktische Meereis.

2 In voller Pracht steht die Milchstraße über der Neumayer-Station III in der Antarktis.

3 Ich nehme einzelne Schneekristalle wortwörtlich unter die Lupe.

4 Eisbergpanorama an der antarktischen Halbinsel von der britischen Forschungsstation Rothera aus fotografiert.

5 Die Sichtung meiner ersten Polarlichter über Spitzbergen.

6 Nach getaner Arbeit auf dem antarktischen Meereis kommt das Team im Whiteout zurück zum Schiff.

7 Der Hubschrauber der *Polarstern* steigt über der Neumayer-Station III auf.

8 Ein großer Spalt hat sich zwischen dem Eisberg A-74 und dem Brunt-Schelfeis aufgetan.

9 Die Bewegung des Eises sorgte immer wieder für Risse, die durch unser MOSAiC-Camp führten.

10 Neues Eis formt sich: Pfannkucheneis im antarktischen Winter.

11 Jede Schneeflocke ist etwas ganz Besonderes – und Einzigartiges.

12 Die *Polarstern* im arktischen Sommer umgeben von Eisschollen voller Schmelztümpel.

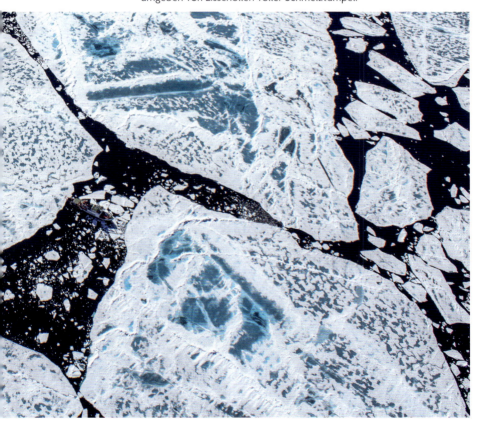

13 Ich widme mich mit Hingabe meinem Forschungsobjekt, dem Schnee.

14 Ich vermesse die Schneedicke auf einer Eisscholle im Südpolarmeer.

15 Ein Forschungsteam bricht zu Arbeiten auf dem antarktischen Meereis auf.

16 Seerauch über dem Wasser des Südozeans.

17 Die CTD-Rosette wird mithilfe eines Windenkrahns von Bord der *Polarstern* in den Südozean abgelassen.

18 Ein aufgebrochener Sterechinus, eine Gattung von Seeigeln, aus dem Weddellmeer.

19 Ein benthisches marines Isopodenkrebstier aus den Tiefen des eisbedeckten Südozeans.

rechts: **20** Der bewegte Südozean auf dem Weg zwischen Chile und der Antarktis in der Drake-Passage.

21 Ein Blick unter das antarktische Meereis:
Es offenbart sich uns eine geheimnisvolle Welt.

22 Erst wenn die Eisschollen sich drehen,
wird die Biomasse im Meereis sichtbar.

23 Der König der Arktis auf dem Meereis.

24 Kaiserpinguine im Abendlicht am Schiffsbug der *Polarstern*.

25 Die Scheinwerfer der *Polarstern* erleuchten eine Eisscholle in der antarktischen Polarnacht.

26 Kaiserpinguine mit ihren Jungen auf der Atka-Bucht nahe der Neumayer-Station III.

27 Pinguin-Kindergarten auf dem Meereis im südlichen Weddellmeer.

28 Die Flosse eines Wals im Südpolarmeer: stetige Begleiter auf dem Weg nach Süden.

warme Strömung aus den Tropen an der Oberfläche ab und sorgt dadurch für mildes Klima in unseren Breitengraden. Verdunstungsprozesse führen dazu, dass das Wasser außerdem salzhaltiger wird. Durch die Kälte und den hohen Salzgehalt wird das Wasser dichter und auch schwerer und sinkt hoch im Norden in die Tiefe ab. In der Polarregion zwischen Grönland, Island und Norwegen fallen diese schweren Wassermassen wie in einer Art Unterwasserfall in die Tiefen des Nordatlantiks. An der Oberfläche entsteht selbstverständlich kein Loch, sondern gleichzeitig wird erneut warmes Wasser aus dem Süden nachgezogen. Man kann also sagen: Genau hier sitzt eine der wichtigsten Steuerelemente der globalen Wasserströmungen.

Durch die warmen Wassermassen des Golfstroms herrscht bei uns in Berlin im Sommer eine mittlere Temperatur von 20 °C, während in der kanadischen Provinz Neufundland und Labrador auf vergleichbarer nördlicher Breite nur 10 °C herrschen. Im Winter wiederum ist in der kanadischen Provinz Schnee keine Seltenheit – bei Temperaturen um -15 °C. Wann war es das letzte Mal in Berlin so kalt? Für Deutschland sind Temperaturen um den Gefrierpunkt eher die Regel. Diese Unterschiede zeigen sich auch in der lokalen Vegetation: In Kanada und Grönland ist die Landschaft auf den gefrorenen Böden eher karg, wohingegen die Küstengebiete Norwegens trotz der hohen Breiten bunt bewachsen sind. Auch die Häfen entlang der Westküste Norwegens sind ganzjährig eisfrei. An der Südwestküste Irlands wachsen sogar Palmen.

Inzwischen wissen wir schon eine ganze Menge über die Strömungen, die in den Meeren vorherrschen, und darüber, wie sie auch unser Leben an Land mitbestimmen. Dass das Wasser in den Meeren in Bewegung ist, das war den Menschen schon sehr früh klar. Das zeigt allein schon die Herkunft des

Wortes «Ozean», das vom altgriechischen Okeanos stammt, was «der die Erdscheibe umfließende Weltstrom» bedeutet.

Seit den 1990er-Jahren untersuchen Wissenschaftler*innen mithilfe verschiedener Computersimulationen, die den anthropogenen Treibhauseffekt berücksichtigen, ob sich die Strömungssysteme auf unserem Planeten verändern werden. Diese ersten Simulationen sagten voraus, dass es aufgrund der weiteren Erwärmung der Erde zu einer Abschwächung des Golfstromsystems kommen würde. Um dies zu verifizieren, fehlten aber noch eine Menge Daten. Um diese beizubringen, werden die thermohalinen Strömungen seit dem Jahr 2000 in einem weltumspannenden Programm namens Argo genauer erforscht. Inzwischen haben Wissenschaftler*innen in allen Weltmeeren um die 4000 automatisierte Treibbojen ausgebracht. Auch in der Arktis und Antarktis setzen Kolleg*innen aus der Ozeanografie die Geräte regelmäßig von Bord der *Polarstern* im Polarmeer aus. Sowohl hier als auch im Atlantik messen die Systeme auf ihrem Weg durch den Ozean Parameter wie Strömung, Wassertemperatur und Salzgehalt. Die Systeme übertragen ihre Daten per Satellitenverbindung in ein internationales Netzwerk. Je umfangreicher diese Daten über die Jahre werden, desto besser lässt sich von ihnen ableiten, ob und wie sich auch der Golfstrom verändert. Und, ja, die Daten bestätigen: Der Golfstrom wird langsamer. 2018 konnten Forscher*innen des Potsdam-Instituts für Klimaforschung eine Verlangsamung der Meeresströmung von zum Teil bis zu fünfzehn Prozent feststellen. Sie entdeckten eine Art Fingerabdruck, den die vorausgegangenen Computersimulationen berechnet hatten: die Abkühlung des Ozeans südlich von Grönland und eine ungewöhnliche Erwärmung vor der US-Küste. Durch die Verlangsamung des Strömungssystems gelangt weniger Wärme nach Norden, was zu einer Abkühlung des Nordatlantiks führt – weltweit die einzige Meeresregion, die trotz der globalen Erwärmung immer kühler wird. Gleichzeitig verlagert sich der Golfstrom und erwärmt dabei den Ozean entlang der nördlichen US-Atlantikküste.

In einer weiteren Untersuchung versuchte ein internationales Team, die Geschichte der Umwälzströmung zu rekonstruieren, indem die Wissenschaftler*innen verschiedene Forschungsprojekte und Quellen auswerteten, was einem Puzzlespiel mit unzähligen Daten gleichkam. Neben Proben aus dem Meeresboden und dem Eis werteten sie alte Schiffslogbücher aus und untersuchten unter anderem Baumringe und Korallen. So konnten sie zeigen, dass das Golfstromsystem so schwach ist wie seit mindestens tausend Jahren nicht mehr. Bisher lässt sich der Klimawandel als Ursache noch nicht sicher nachweisen, die bisher gewonnenen Daten aus dem Argo-Programm umfassen zum Beispiel «nur» zwanzig Jahre – doch nach Einschätzung vieler Wissenschaftler*innen ist es sehr wahrscheinlich, dass es sich bei der Verlangsamung des Golfstroms statt um eine Klimaschwankung um einen Trend handelt.

Als Grund dafür gilt zum einen die globale Erwärmung, von der auch die Ozeane betroffen sind. Die Folge: Wenn Wasser sich erwärmt, wird es leichter, sodass der Austausch zwischen Oberflächenwasser und der Tiefe des Ozeans ins Stocken gerät. Dazu tragen auch die zunehmenden Regenfälle bei und immer mehr auch das Abschmelzen des grönländischen Eisschilds und des arktischen Meereises. Es kommt zu einer Verringerung des Salzgehaltes im Meerwasser. Auch durch diesen Prozess der Verdünnung wird das Wasser leichter und sinkt nicht mehr dynamisch in die Tiefe. Die Strömung schwächt sich ab, der Motor unserer Umwälzzirkulation kommt ins Stottern.

Damit aber der gesamte Nordatlantikstrom zum Erliegen käme, müssten riesige Mengen Süßwasser in die Strömung eingespeist werden. Das Szenario eines vollständigen Erliegens der Nordatlantikzirkulation wie im Kino ist also eher unwahrscheinlich. Modellberechnungen prognostizieren, basierend auf dem schlechtesten Szenario im Weltklimabericht, also einer Vervierfachung des Kohlendioxidgehaltes bis Ende des 21. Jahrhunderts, eine Abschwächung unseres Unterwasserfalls im Nordatlantik von dreißig Prozent. Eine sichere Vorhersage bleibt aber aufgrund der Datenlage schwierig. Das zeigt auch eine Studie von 2021, die zu einem anderen Ergebnis kam: Die atlantische Umwälzströmung habe sich im Laufe des letzten Jahrhunderts von relativ stabilen Bedingungen zu einem Punkt nahe einem kritischen Übergang entwickelt. Die Beobachtungsdaten fielen drastischer aus, als bisher von den Computermodellen vorhergesagt wurde. Aber könnten wir wirklich einen Kipppunkt erreichen, wie er im Film *The Day After Tomorrow* gezeigt wird?

Der Golfstrom gibt uns noch eine Menge Rätsel auf, die wir zum heutigen Zeitpunkt nicht eindeutig lösen können. Wir werden also noch weiter mit allen uns zur Verfügung stehenden Techniken den Ozean vermessen, um immer besser zu verstehen, was im Detail vor sich geht und was das für den Planeten und damit auch für die Menschheit zur Folge hat. Klar ist aber schon jetzt, dass wir von einem vollständigen Erliegen unserer globalen Wasserpumpe noch weit entfernt sind. Und selbst wenn das schlimmste Szenario einträte und wir den kritischen Wert erreichten, würden die Veränderungen nicht wie der Weltuntergang im Blockbuster über uns hereinbrechen. Das Klima wird sich auch künftig nur sehr langsam verändern, und die Auswirkungen werden nur allmählich spürbar sein. Ebenso wie wir es in den letzten Jahren erleben. Und gerade darin liegt die eigentliche Gefahr. Die echte Katastrophe geht schleichend voran, doch wenn erst mal bestimmte Kipppunkte überschritten sind, werden die Veränderungen wahrscheinlich unumkehrbar sein und die atlantische Umwälzströmung innerhalb weniger Jahrzehnte weitgehend zum Erliegen kommen.

Nur ein paar Zentimeter?

Statt im Labor Meereis zu untersuchen, saß ich auf meiner allerersten Expedition in die Antarktis zehn Wochen lang in trauter Eintracht gemeinsam mit einer Kollegin und einem Windenfahrer im Windenleitstand an Bord der *Polarstern*, um die Wassersäule des Südpolarmeeres unter uns zu beproben. Zu jenem Zeitpunkt war ich noch Studentin im fünften Semester, und meine Expertise war noch nicht so groß, dass man mich mit selbstständiger Forschungsarbeit betraut hätte. Während man als studentische Hilfskraft auf dem Festland stundenlang am Kopierer steht oder erhobene Daten in Excel-Tabellen überträgt, so sitzt man auf dem Forschungsschiff eben im Windenleitstand und schaut Tag für Tag mehrere Stunden auf einen scheinbar nie enden wollenden Strom aus Daten aus den Tiefen des Ozeans. Sie können sich sicher vorstellen, dass ich trotzdem glücklich war. Ich war dort, wo ich hinwollte: mit der *Polarstern* in der Antarktis, und ich konnte meinen Teil zur wissenschaftlichen Arbeit beitragen. Schwerpunkt der Reise war die Fortführung wichtiger Zeitreihen der Beprobung des Südozeans – stets mit der Frage im Blick: Sehen wir Veränderungen in der Wassersäule? Ein wichtiges Instrument dafür, dem ich mich auf dieser Expedition Tag und Nacht gewidmet habe: die CTD-Rosette, ein wahres Multitalent der Messtechnik und nur eines von vielen Geräten, das unsere Kolleg*innen aus der Ozeanografie bei der Erforschung der Meere einsetzen. An einem langen Draht wird das

Gerät durch die gesamte vertikale Wassersäule gefahren. CTD steht für *Conductivity, Temperature and Depth*, also zu Deutsch: Leitfähigkeit, Temperatur und Tiefe. Während ihrer Fahrt sammelt die CTD-Rosette unzählige Daten über den Ozean. Sie misst die Temperatur, untersucht das Wasser auf seinen Salz- und Sauerstoffgehalt, nimmt den pH-Wert und zeichnet parallel auf, in welcher Tiefe sie diese Daten gewonnen hat. Außerdem schöpft sie bei ihrer Fahrt durch die Wassersäule in großen Flaschen Proben für die spätere Analyse im Labor, wo wir die enthaltene Biomasse, den Kohlendioxidgehalt und andere Spurengase bestimmen können.

Wenn die CTD-Rosette nach manchmal über vier Stunden wieder zurück an Bord war, ging es für mich wortwörtlich ans Eingemachte: Das geschöpfte Wasser aus den großen Probenflaschen musste in unzählige kleine Probengefäße abgefüllt werden. Eine unangenehme Angelegenheit. Da Ozeanwasser aufgrund seines Salzgehaltes erst bei −1,8 °C gefriert, ist das Wasser sehr kalt. Zu kalt, wenn man meine Finger fragt.

Um all diese Parameter nicht nur zu einem Zeitpunkt zu messen, sondern über einen ganzen Jahreszyklus – oder sogar mehrere Jahre lang –, werden auch hier autonome Messsysteme eingesetzt, die im Ozean verbleiben. Ein solches System ist eine sogenannte Verankerung. Sie besteht im Wesentlichen aus einem Ankerstein, einem Seil, Messgeräten, die entlang des Seils angebracht sind, und orangefarbenen Auftriebskörpern, die das Seil senkrecht im Wasser halten. Zusätzlich zur Temperatur und dem Salzgehalt kann hier zum Beispiel auch die Strömungsgeschwindigkeit und -richtung des Wassers gemessen werden. Auch die Laute von Meeressäugern in der Umgebung werden aufgezeichnet. Am Ende der Messzeit sammelt ein Forschungsschiff das System wieder ein. Befindet sich zu diesem Zeitpunkt Meereis an der Verankerungsposition, kommt die Suche nach den orangefarbenen Auftrieben einer Osterei-Suche sehr nahe: Wissenschaftler*innen und Besatzungsmitglieder finden sich dann auf der Schiffsbrücke ein und suchen mit Ferngläsern und bloßen Augen den Horizont und die Umgebung um das Schiff nach den bunten Kugeln ab. Die Stimmung ist angespannt. Bis jemand aufschreit «Da ist sie!». Nach langem Suchen bricht dann schon mal ein kleiner Jubelsturm auf der Schiffsbrücke aus. Und manchmal wird der Erfolg mit einer Flasche Sekt belohnt, da dank der Sichtung ein wertvoller Datensatz aus den Tiefen des Ozeans geborgen werden konnte, der viele neue Erkenntnisse über den Südozean und seine Rolle im Klimasystem erlaubt.

Wenn wir über die Erwärmung der Erde sprechen, denken die meisten von uns zuerst an die Atmosphäre. Doch nicht nur die Luft, die unseren Planeten umgibt, auch die Meere heizen sich immer mehr auf. Satte neunzig Prozent der zusätzlichen Wärme, die wir Menschen durch die vermehrten Emissionen von Treibhausgasen verursachen, nehmen die Ozeane auf, die in weiten Regionen über die Meeresoberfläche in unmittelbarem Austausch mit der Atmosphäre stehen. Das merken wir zum Beispiel beim Baden. An der Wasseroberfläche ist das Wasser angenehm warm, doch schon an den Füßen und vor allem beim Tauchen spürt man die Kälte. Die Meeresoberfläche ist durch den Kontakt mit der Atmosphäre also wesentlich wärmer als die tieferen Regionen.

Zwischen 1971 und 2010 sind die Temperaturen in den oberen 75 Metern in unseren Ozeanen durch die Erwärmung der Atmosphäre um 0,11 °C pro Jahrzehnt gestiegen. Und dafür können wir eigentlich noch dankbar sein, denn durch die Aufnahme der Wärme aus der Atmosphäre haben die Meere den Anstieg der Lufttemperatur rund um den Globus effektiv verlangsamt. Betrachtet man die Gesamtmasse der Ozeane, ist diese etwa 250-mal so groß wie die der Atmosphäre. Gleichzeitig ist die Wärmekapazität von Meerwasser, also die benötigte Wärme, um die Temperatur des Wassers um ein Grad Celsius zu erhöhen, vier Mal so groß wie die der Luft. Damit ist die Wärmekapazität der Weltmeere tausendmal so groß wie die der Atmosphäre. Wenn wir uns das in konkreten Zahlen vorstellen, bedeutet das: Würde die Energie, die den Ozean um 0,1 °C erwärmt, nicht an das Wasser, sondern unmittelbar und vollständig an die Atmosphäre abgegeben, würde sich diese um 100 °C erwärmen. Gerade der Südozean ist in dieser Hinsicht von zentraler Bedeutung. Denn obwohl er nur fünfzehn Prozent der Weltmeere ausmacht, absorbiert er etwa drei Viertel dieser Wärme.

Im Weddellmeer erheben wir Wissenschaftler*innen des AWI inzwischen seit dreißig Jahren und mithilfe der CTD-Rosette Messdaten über die gesamte vertikale Wassersäule, auch um nachzuverfolgen, wie sich die Wärme im Ozean ausbreitet und um den Gründen für diese Erwärmung auf die Spur zu kommen. Diese lange Messreihe ist für den Südozean einzigartig, und sie zeigt, dass auch das Weddellmeer von der Erwärmung des Ozeans nicht ausgenommen ist. Während sich das Meerwasser in den oberen 700 Metern dort kaum erwärmt hat, steigt die Temperatur des Meerwassers in der Tiefe jährlich um 0,0021 bis 0,0024 °C. Das mag auf den ersten Blick minimal erscheinen, doch es bedeutet, dass das Wasser in der Tiefe des Weddellmeeres in den letzten dreißig Jahren sogar fünf Mal mehr Wärme absorbiert hat als der Rest des Ozeans. Die Messungen des AWI bestätigen also, dass der Südozean eine wichtige Rolle bei der Speicherung von Wärme spielt. Denn vom Weddellmeer aus wird das Wasser über Bodenwasserströmungen in alle Meeresbecken verteilt und dort gespeichert.

Eine Folge der Erwärmung des Tiefenwassers ist der Dichteverlust, den die Wissenschaftler*innen auch im Weddellmeer nachweisen konnten. Das hat zum einen zur Folge, dass auf Dauer die Umwälzung des Wassers ins Stocken geraten könnte, weil sich das Wasser aufgrund der geringeren Dichte in höhere Wasserschichten ausdehnt. Diese Ausdehnung des Wassers aufgrund von Erwärmung nennt man thermale Expansion, und Wissenschaftler*innen beobachten sie überall auf unserem Planeten. Seit Beginn des 20. Jahrhunderts ist der Meeresspiegel um ungefähr zwanzig Zentimeter angestiegen. So groß ist in etwa die kurze Seite eines DIN-A4-Blattes oder die Höhe unserer Gummistiefel, und die thermale Expansion des Wassers hat daran einen großen Anteil. Rund dreißig Prozent sind allein darauf zurückzuführen, dass sich Wasser beim Erwärmen ausdehnt und daher mehr Platz braucht, was damit bis Mitte des letzten Jahrzehnts ähnlich viel zum Meeresspiegelanstieg beigetragen hat wie das Abschmelzen von Landeis. Erst seit einigen Jahren stellt der Eintrag von Schmelzwasser den größten Anteil am Anstieg der Pegel unserer Weltmeere dar.

Dass sich die Pegelstände verändern, wissen wir so genau, weil Menschen seit Jahrhunderten den Meeresspiegel über Pegelmessungen an den Küsten verzeichnen. Seit den 1990er-Jahren werden zusätzlich Satelliten genutzt, die weltweit die Höhe von Land- und Wasseroberfläche bestimmen und daher ein sehr genaues Bild über den globalen Meeresspiegel und dessen Veränderungen liefern. Dabei müsste man eigentlich den Plural benutzen, denn den einen Meeresspiegel gibt es nicht. Im Gegensatz zu einem See ist das Wasser der Ozeane über die Meeresströmungen in ständiger Bewegung. Diese führen Wassermassen von unterschiedlicher Temperatur und unterschiedlichem Salzgehalt mit sich. Durch die variierenden physikalischen Eigenschaften des Wassers können sich regional verschiedene Pegelstände zeigen und die Auswirkungen der Erderwärmung in bestimmten Regionen deutlich spürbarer sein als in anderen. Der Meeresspiegel steigt global also nicht gleichmäßig an. So ist er im westlichen Pazifik dreimal höher als im globalen Mittel, während er an anderen Orten sogar sinkt. Grund dafür ist aber nicht, dass das Wasser weniger würde. Stattdessen findet in Regionen wie in Schweden oder Finnland eine bis heute andauernde Anhebung der Landoberfläche statt. Nach dem Abschmelzen der riesigen Eisschilde zu Beginn der letzten Eiszeit sank der Druck auf die Landmasse, die sich nun millimeterweise aus dem Wasser hebt. Besonders deutlich kann man das zum Beispiel am Stein von Anders Celsius auf der Insel Lövgrund sehen. Der für seine Temperaturskala bekannte Physiker hatte 1731 den Pegelstand an einem Felsen markiert, auf dem sich zu seiner Zeit noch Seehunde sonnten. Im Moment ragt der Fels für Seehunde unerreichbar aus dem Wasser, doch bei weiterhin hohen Treibhausgasemissionen wird sich auch hier der Trend umkehren. Das mögliche Abschmelzen der großen Eisschilde auf Grönland und der Antarktis könnte übrigens ähnliche Folgen für die dortigen Landmassen haben, während das Wasser der geschmolzenen Gletscher weiterhin in den Ozean fließt, sodass der Meeresspiegel an anderer Stelle umso drastischer steigen wird.

    In anderen Regionen der Erde ist es wiederum umgekehrt: Durch exzessive Grundwasserentnahme für Trinkwasser, landwirtschaftliche Bewässerung oder industrielle Prozess- und Kühlwassernutzung kommt es zu einer Absenkung von Landflächen. Dies betrifft vor allem die Flussdeltas Asiens und die Küste Kaliforniens, aber auch uns in Europa: In einigen Regionen, die in Meeres- oder Flussnähe liegen, sinkt das

Land bis zu mehreren Zentimetern pro Jahr und verstärkt somit die Gefahr von Überschwemmungen, wenn der Meeresspiegel aufgrund des Klimawandels weiter steigt. Wenn ich in Bremerhaven bei Sturmflutwarnung am Deich stehe, bekomme ich eine Ahnung, wie viel zwanzig Zentimeter Wasser eigentlich bedeuten können. Als ich im Herbst 2013 meine Promotion in Bremerhaven aufnahm, war gerade erst die Deicherhöhung in der Innenstadt abgeschlossen. Der neue Deich misst dort inzwischen durchgehend eine Höhe von 8,60 Meter über Normalnull. Dass diese Erhöhung sinnvoll ist, konnte ich noch am Nikolaustag desselben Jahres erleben, als Sturmtief Xavier über Norddeutschland tobte und in Bremerhaven sowohl die Weser als auch ihren Nebenfluss, die Geeste, steigen ließ. Während der neue Weserdeich seine Bewährungsprobe bei einem Pegelhöchststand von 3,15 Meter über der mittleren Hochwasserlinie bestand, trat die Geeste über die Ufer. Aus meinem Büro konnte ich beobachten, wie der Pegel immer höher stieg. Die Straßen wurden überspült. Was ich sonst nur aus dem Fernsehen kannte, betraf nun mein Zuhause: Sandsäcke wurden gestapelt, um die Gebäude vor den Wassermassen zu schützen, während Autos von den vollgelaufenen Parkplätzen abgeschleppt wurden. Gleichzeitig schlugen die Wellen an der Weser mit einer gewaltigen Kraft an die Kaimauer hinter dem Zoo am Meer. Ich will mir nicht vorstellen, wie es hier aussähe, würde der Meeresspiegel höher steigen, was leider kein unrealistisches Katastrophenszenario ist, denn der Anstieg schreitet immer schneller voran.

Im Jahr 2020 erreichte der globale Meeresspiegel mit 91,3 Millimeter über dem Niveau von 1993 einen neuen Höchststand. Zwischen 1901 und 1990 stiegen die Pegel im Jahr weltweit um 1,4 Millimeter pro Jahr, zwischen 2006 und 2015 waren es 3,6 Millimeter – mehr als doppelt so viel. Je nachdem, wie viel Kohlendioxid wir in den nächsten Jahren ausstoßen werden, berechnen Klimamodelle verschiedene Szenarien. Das Worst-Case-Szenario geht von bis zu 2,5 Metern über dem Niveau von 2000 zum Ende des Jahrhunderts aus. Rund 680 Millionen Menschen leben in Küstenregionen. Zwei Millionen Quadratkilometer Landfläche liegen weltweit weniger als zwei Meter über der mittleren Hochwasserlinie. Unsere Küsten in Europa gehören zu den am dichtesten besiedelten Regionen der Erde. Etwa die Hälfte aller Menschen weltweit lebt weniger als hundert Kilometer von einer Küste entfernt. Diese Ökosysteme und mit ihnen die dort lebenden Menschen sind durch die steigenden Pegelstände in ihrer Existenz bedroht, und wir müssen uns auch in Deutschland die Frage stellen, wie wir mit dieser Entwicklung umgehen wollen. Wenn die Pegel steigen, sind die Küstenregionen stärkeren Erosionen ausgesetzt, Sturmfluten laufen höher auf und verursachen Überschwemmungen, was wiederum eine Versalzung des Grundwassers zur Folge hat.

Wollen wir also gegen das ansteigende Wasser ankämpfen, wollen wir die Deiche weiter und weiter mithilfe von Milliarden erhöhen, riesige Schutzwälle errichten, oder müssen wir einsehen, dass wir dem Wasser auf Dauer nichts entgegenzusetzen haben und über einen sogenannten «Managed Retreat» – einen geordneten Rückzug – nachdenken, bei dem ganze Ortschaften aufgegeben werden und bedrohte Bewohner*innen in nicht gefährdete Ortschaften umsiedeln – übrigens eine Praxis, die in einigen Regionen der Erde längst angewandt wird: In Louisiana geht im Marschland durch das Ansteigen des Meeresspiegels alle eineinhalb Tage Land in der Größe eines Fußballfeldes verloren. Von den Bewohner*innen der einst 89 Quadratmeter messenden Isle de Jean Charles haben inzwischen die meisten entschieden, in

Häuser im Inland umzuziehen, denn viel ist von ihrer Insel nicht mehr übrig. Derweil wird Kiribati, ein Inselstaat im Pazifik, wahrscheinlich das erste Land sein, das aufgrund des Klimawandels in wenigen Jahren nicht mehr bewohnbar sein wird. Und in Indonesien hat das Parlament entschieden, die im Meer versinkende Hauptstadt Jakarta von der Insel Java in den kommenden Jahren auf die Insel Borneo zu verlegen, da Expert*innen davon ausgehen, dass das gesamte Gebiet von Nord-Jakarta bis 2050 vollständig überflutet sein wird. Scheinbar fernab vom großen Weltgeschehen sind die Bewohner*innen jener Regionen die ersten, die den Preis für den Klimawandel zahlen. Aber so weit in die Ferne müssen wir gar nicht schweifen: Denn auch unsere direkten Nachbarn, die Niederländer, deren Heimat zu großen Teilen nur knapp über und zu rund einem Viertel sogar unter dem Meeresspiegel liegt, sehen sich großen Herausforderungen gegenüber. Auch dort wird inzwischen trotz hoher Verluste, die man zu beklagen hätte, über die Möglichkeit eines geordneten Rückzugs nachgedacht.

Wir kommen nicht an der offensichtlichen Tatsache vorbei: Der Meeresspiegelanstieg ist eine der drastischsten Folgen des Klimawandels, und er ist vor allem langfristig, denn das Klimasystem Ozean ist träge. Selbst wenn es uns gelänge, den globalen Temperaturanstieg in der Atmosphäre auf 1,5 °C zu begrenzen, können die riesigen Wassermassen unserer Weltmeere nur stark verzögert auf klimatische Veränderungen reagieren. Der momentane Meeresspiegelanstieg ist eine Folge der Treibhausgasemissionen des letzten Jahrhunderts. Die Folgen der Mengen an Kohlendioxid, die wir heute weltweit Tag für Tag in die Atmosphäre ausstoßen, werden wir erst in Jahrzehnten in den Weltmeeren nachweisen. Letztendlich bestimmen wir durch unsere derzeitigen Emissionen, wie das

Leben zukünftiger Generationen aussehen wird. Bisher hat die thermische Ausdehnung des Meerwassers vor allem die oberen Schichten erreicht, doch mit der Zeit wird diese Erwärmung auch in tiefere Schichten vordringen, wie wir es im Weddellmeer schon beobachten können, und dort die Strömungsverhältnisse massiv beeinflussen. Auch das Schmelzen der großen Eismassen in den Polargebieten, von denen ich schon im vorausgegangenen Teil berichtet habe, lässt sich kaum noch stoppen. So zeigt eine 2021 erschienene Studie, dass das Abschmelzen des Pine-Island-Gletschers nicht mehr aufzuhalten sein könnte. Dieser Gletscher verliert schon heute mehr Eis als alle anderen antarktischen Eiszungen und geht schneller zurück, als es Wissenschaftler*innen bisher angenommen hatten. Sein Schmelzwasser sorgt gemeinsam mit dem benachbarten Thwaites-Gletscher für zehn Prozent des Meeresspiegelanstiegs weltweit. Forschende befürchten bei einem weiteren Abschmelzen, dass wir einen Kipppunkt erreichen könnten, nach dessen Überschreiten der gesamte westantarktische Eisschild instabil würde, was einen Anstieg der Meeresoberfläche von drei Metern zur Folge hätte. Ähnliches wird auch für den grönländischen Eisschild befürchtet.

Und dennoch dürfen diese Hiobsbotschaften kein Grund zur Aufgabe der Klimaziele sein, denn auch wenn wir vorerst den Anstieg des Meeresspiegels nicht aufhalten können, so können wir durch einen Emissionsstopp der Treibhausgase zumindest das Tempo dieser Vorgänge abbremsen. Neue wissenschaftliche Ergebnisse zeigen, dass der Anstieg des Meeresspiegels durch das Abschmelzen von Gletschern und Eisschilden in diesem Jahrhundert halbiert werden könnte, wenn wir es schaffen, die Erwärmung auf 1,5 °C zu begrenzen.

Den Meeresspiegelanstieg für die Zukunft vorauszusagen, bleibt dabei schwierig und ist nur durch Klimamodelle möglich, die verschiedene Szenarien erproben. Diese Simulationen rechnen mit einem immer schneller verlaufenden Anstieg, wenn die Emissionen der Treibhausgase nicht effektiv und vor allem schnell reduziert werden. Derzeitige Prognosen sagen je nach Szenario einen globalen mittleren Anstieg von 43 bis 84 Zentimetern bis zum Ende dieses Jahrhunderts voraus – da reichen auch keine Gummistiefel mehr. Dabei lässt sich der Meeresspiegelanstieg durch die Ausdehnung der Wassermassen noch sehr gut simulieren, doch die Zunahme durch das Abschmelzen der globalen Eisflächen ist deutlich schwieriger zu prognostizieren. Einmal mehr liegt das Augenmerk von uns Wissenschaftler*innen also auf den Polarregionen, denn sie werden das Tempo vorgeben. So hat sich das Abschmelzen in einigen Regionen der Antarktis in den letzten Jahren verdoppelt und am grönländischen Eisschild sogar verdreifacht. Nirgendwo sonst sind die Folgen der Erderwärmung so eindrücklich messbar. Umso wichtiger ist die Forschung in diesen Gebieten, damit wir die komplexen und sehr dynamischen Prozesse verstehen, die dort ablaufen. Wir wissen nicht genau, wo die Kipppunkte in diesem System liegen, wann und ob wir sie erreichen werden, doch die meisten Forscher*innen sind sich einig, dass beim Überschreiten dieser Schwellen ein irreversibler Schmelzprozess einsetzen wird, der sich selbst verstärkt und nicht mehr stoppen lässt. In der Folge könnten die massiven Eismassen im Verlauf der nächsten Jahrhunderte komplett abschmelzen, und dann geht es nicht mehr um einige Zentimeter. Der Eisschild Grönlands würde den Meeresspiegel um sieben Meter steigen lassen, der Verlust des antarktischen Eises hätte eine Erhöhung von sechzig Metern zur Folge.

Das Meer wird sauer

Auf unserer Erde gibt es vier Ozeane. Das habe ich in der Schule gelernt: Atlantischer Ozean, Pazifischer Ozean, Indischer Ozean und Arktischer Ozean. So ist es auch auf dem Globus meines Bruders eingezeichnet. Doch seit dem Sommer 2021 stimmt das nicht mehr, denn die *National Geographic Society* hat das Südpolarmeer, das die Antarktis umgibt, offiziell als Ozean anerkannt.

Seither gibt es also fünf Ozeane auf unserer Erde – eine Entscheidung, die unter Polarforscher*innen auf große Zustimmung gestoßen ist. Schon lange sehen wir das Südpolarmeer als eigenständiges Meer mit besonderen Eigenschaften. Denn während die anderen vier Weltmeere klar durch die angrenzenden Kontinente voneinander getrennt sind, ist die Antarktis einzig von Wasser umgeben, keine Landmassen versperren ihm hier unten im Süden den Weg. Und so braust um die Antarktis ein gewaltiger Strömungsring: der antarktische Zirkumpolarstrom. Er verbindet den Atlantik, den Pazifik und den Indischen Ozean miteinander und transportiert mehr Wasser als jede andere Meeresströmung. Dabei ist er mit «nur» 5805 Metern an der tiefsten Stelle weder der tiefste Ozean, noch mit seiner Fläche von gut zwanzig Millionen Quadratkilometern der größte Ozean, sondern lediglich der zweitkleinste – nur das arktische Polarmeer ist kleiner –, und doch ist er zugleich auch der artenreichste Ozean auf diesem Planeten.

Wer einmal in jene Breiten vorgedrungen ist, der weiß, dass es ein besonderer Lebensraum ist. An Bord der *Polarstern* und getragen von den Wellen dieses Ozeans habe ich zum ersten Mal in meinem Leben Eisberge am Horizont erspäht, und wenig später hat sich dort seine einzigartige gefrorene Oberfläche und mein Forschungsfeld vor mir ausgebreitet: das antarktische Meereis. Dort war es auch, wo ich zum ersten Mal die Schelfeiskante nahe der deutschen Überwinterungsstation, der Neumayer-Station III, über dem Wasser aufragen sah und das polare Leben in seiner ganzen Vielfalt beobachten konnte.

Auch wenn sich die Reise heute mit einem technisch hochgerüsteten Eisbrecher sicherlich anders anfühlt als zu Zeiten Shackletons und seiner Männer vor über einhundert Jahren mit ihrem Holzschiff, der *Endurance* – was uns eint, ist das Durchqueren dieser gigantischen Wassermassen, auf deren anderen Seite uns keine Zivilisation erwartet, wie es bei den anderen vier Weltmeeren der Fall ist. Hier sind es die weißen Weiten des antarktischen Kontinents, die alles bestimmen. Damals wie heute. Und immer wenn ich dort bin, kann ich nichts dagegen tun: In Gedanken bin ich ganz unten auf dem Globus meines Bruders, weiß um die Tiefe des Ozeans unter mir, weiß um die Weiten, die sich zwischen mir und der nächsten Zivilisation auftun. Und genau das macht für mich das Südpolarmeer so besonders. Ganz egal, ob es als eigenständiger Ozean gilt oder kälter und stürmischer ist, als alle anderen Meere.

Und so wie es eine besondere Rolle in meinem Leben und in meinem Forschungsalltag einnimmt, spielt dieses «neue» Meer diese besondere Rolle auch in Bezug auf die Kohlendioxidkonzentration auf unserer Erde. Denn das Südpolarmeer nimmt schätzungsweise vierzig Prozent des Kohlendioxids auf, das von uns Menschen freigesetzt wird. Unsere Weltmeere sind die wichtigsten Kohlenstoffsenken in unserem Klimasystem. In einer wissenschaftlichen Untersuchung konnten Forscher*innen zeigen, dass die Ozeane unserer Erde von 1994 bis 2007 rund 34 Milliarden Tonnen Kohlenstoff aus den von uns Menschen verursachten Emissionen aufgenommen haben. Da Kohlendioxid relativ leicht löslich ist und chemisch mit Wasser reagiert, findet ein ständiger Austausch zwischen dem Oberflächenwasser der Ozeane und der Atmosphäre statt. Mit der Zunahme des Kohlendioxidgehaltes in der Atmosphäre steigt der Partialdruck in der Luft und damit auch die Aufnahme von Kohlendioxid durch unsere Meere. Wie bei der Befüllung einer Sprudelflasche geht das Kohlendioxid dann in das Wasser über. Auch in diesem Prozess nehmen die Polarregionen eine wichtige Rolle ein, denn Wasser mit geringen Temperaturen absorbiert mehr Kohlenstoffdioxid als Wasser mit höheren Temperaturen.

Mit dem kalten, salzhaltigen Wasser der Polarregionen wird es in die Tiefe transportiert, dort in andere Verbindungen umgewandelt, in den Tiefenbecken angereichert und wahrscheinlich erst in mehreren Hundert Jahren wieder an die Oberfläche und damit zurück in die Atmosphäre transportiert. Daher gilt das Tiefenwasser als entscheidende Kohlenstoffsenke unseres Planeten. Sobald das Kohlendioxid aus der Luft ins Wasser übergeht, reagiert es mit den Wassermolekülen zu Kohlensäure. Das bedeutet, es wird sofort «weiterverarbeitet». Dadurch sind die Ozeane in der Lage, im Vergleich zum Süßwasser die zehnfache Menge an Kohlendioxid aufzunehmen. Die gute Nachricht ist: Obwohl wir in den letzten Jahrzehnten immer mehr Kohlendioxid aus fossilen Brennstoffen wie Kohle und Erdöl in die Atmosphäre ausgestoßen haben, hält der Ozean mit und nimmt das Treibhausgas proportional zu unserem Ausstoß auf. Doch, wie ich schon im vorausgegangenen Kapitel beschrieben habe, sind die riesigen Wassermassen auf unserem Planeten ein sehr träges System. Und bisher hören wir nicht auf, Kohlendioxid in die Atmosphäre einzubringen, ganz im Gegenteil. Von Jahr zu Jahr steigen die Emissionen, verbrennen wir weiterhin Kohle und Erdöl, roden unsere Wälder und stoßen dadurch so große Mengen Kohlendioxid aus, die unsere Meere so schnell nicht aufnehmen können, wie wir Menschen sie freisetzen.

Unsere Meere – allen voran die der kalten Polarregionen – verlangsamen mit der Aufnahme von Kohlendioxid allerdings den Klimawandel spürbar, denn Gas, das nicht in die atmosphärische Hülle unseres Planeten eingebracht wird, kann auch nicht zum Treibhauseffekt beitragen.

Dass es an den Polen kalt bleibt, daran kann uns allen also nur gelegen sein, denn schon heute beobachten wir Veränderungen, die sich auf die gestiegenen Ozeantemperaturen und die damit verbundene schlechtere Aufnahmekapazität zurückführen lassen. So nahmen das Südpolarmeer und der Nordatlantik in den letzten zwanzig Jahren deutlich weniger Kohlendioxid auf, als sie eigentlich nach den Berechnungen sollten. Eine aktuelle Studie des AWI untersuchte im Südpolarmeer Sedimentablagerungen der vergangenen Jahrtausende. Anhand der Korngröße der abgelagerten Sedimente konnten die beteiligten Wissenschaftler*innen Rückschlüsse auf die Strömungsgeschwindigkeit und das transportierte Wasservolumen des Zirkumpolarstroms ziehen, und das bis weit in die erdgeschichtliche Vergangenheit. So stellte das Forschungsteam fest, dass während der letzten Warmzeit der Erde das Wasser um den Südpol schneller strömte als heute. Für den Klimawandel sind das keine guten Nachrichten, denn wenn auch die derzeitige Erderwärmung einen solchen Effekt hat und die Meeresströmung beschleunigt, könnte kohlendioxidreiches Tiefenwasser an die Oberfläche gelangen und damit den Partialdruck so verändern, dass deutlich weniger Treibhausgas vom Ozean aus der Atmosphäre aufgenommen werden kann. Letztendlich befürchten die Wissenschaftler*innen sogar, dass Teile des Südpolarmeeres zu einer Quelle für Kohlendioxid werden könnten, indem sie das Gas an die Luft abgeben und damit den Klimawandel sogar noch befeuern würden.

So positiv die vermehrte Aufnahme von Kohlendioxid durch unsere Meere für den Kohlendioxidgehalt in unserer Atmosphäre auch sein mag und wie sehr sie den Klimawandel für den Moment auch abbremst, sie hat auch Schattenseiten, denn die Bildung von Kohlensäure trägt dazu bei, dass der pH-Wert des Wassers absinkt. Der Ozean versauert! Das heißt nicht, dass wir in Zukunft nicht mehr im Meer baden können, denn das Meerwasser bleibt weiterhin eher basisch, doch in Relation wird es immer saurer. Seit Beginn der Industrialisierung ist der pH-Wert von 8,25 auf 8,1 gesunken. Das klingt im ersten Moment nach sehr wenig, doch wenn man sich klarmacht, dass die pH-Skala logarithmisch ist, wird das Ausmaß deutlicher. In Prozenten ausgedrückt, hat die Versauerung der Ozeanoberfläche um 26 Prozent zugenommen. Bis zum Ende des Jahrhunderts wird der Ozean voraussichtlich um bis zu 150 Prozent saurer werden. Dass Säure Kalk auflöst, wissen wir alle aus dem Haushalt. Im Meer beeinträchtigt der niedrige pH-Wert die Bildung von Kalkskeletten und -schalen, wie die von Muscheln, Schnecken, aber auch von Planktonorganismen. Korallenriffe wachsen im saureren Wasser langsamer, und ihr Skelett wird dünner und brüchiger. Bis zum Ende dieses Jahrhunderts könnten nur noch für dreißig Prozent aller Korallen genügend Baustoffe für ihre Skelette zur

Verfügung stehen. Zusätzlich verändert sich durch die Versauerung des Meerwassers die Struktur der Korallenriffe, und dies hat wiederum Auswirkungen auf die Tierarten, die im und am Riff leben.

Auch andere Lebewesen bis hin zu den Fischen leiden unter dem sauren Milieu, was gravierende Auswirkungen auf die Nahrungskette haben kann. Eine 2018 veröffentlichte Studie des AWI zeigt, dass Ozeanerwärmung und -versauerung dazu führen, dass Kabeljau und Polardorsch im Nordatlantik zum Laichen nach Norden abwandern. Mit negativen Folgen für Robben, Seevögel und Wale, für die der Polardorsch eine wichtige Nahrungsquelle ist. Die Lebensgemeinschaften der Polargebiete sind besonders verletzlich, da sie im Vergleich zu anderen Regionen artenarm sind und sich schon der Wegfall einer einzigen Art gravierend auf das komplette Nahrungsnetz auswirken kann. Dadurch, dass die polaren Ozeane vermehrt Kohlendioxid aus der Atmosphäre aufnehmen, sind sie verstärkt von der Versauerung betroffen. Und das schmelzende Meereis gibt vor allem in der Arktis weitere Wasseroberfläche frei, die mit der Atmosphäre in den Austausch tritt und zusätzliches Kohlendioxid aufnehmen kann.

Schon jetzt ist die Versauerung im Arktischen Ozean so weit fortgeschritten wie nirgendwo sonst. Auch für die Antarktis rechnen Wissenschaftler*innen bis zum Ende dieses Jahrhunderts mit einer weitgehenden Versauerung des Ozeans. Im Laufe der Erdgeschichte ist der pH-Wert des Meerwassers schon mehrmals gesunken, das letzte Mal vor 56 Millionen Jahren. Allerdings läuft der derzeitige Vorgang zehnmal schneller ab als in der Vergangenheit. So schnell wie noch nie in der Geschichte unseres Planeten. Es ist daher fraglich, ob das Ökosystem mit dieser Geschwindigkeit mithalten kann und Tiere und Pflanzen sich rechtzeitig an die veränderten

Lebensbedingungen anpassen können. Das hat schon in der Vergangenheit nicht für alle geklappt, denn bei der letzten Versauerung unserer Weltmeere sind viele Korallenarten für immer verschwunden.

TEIL IV
Belebte Pole

Unter dem Meer

Erinnern Sie sich noch an unseren kurzen Abstecher mit der *Polarstern* in den Spalt zwischen Abbruchkante des Eisbergs A-74 und dem Brunt-Eisschelf? Nicht nur auf der Brücke und an Deck der *Polarstern* war die Aussicht auf die Bruchkanten des Eises ein besonderes Erlebnis. Auch ein paar Etagen weiter unten, in den Tiefen des Ozeans, boten sich uns besondere Aus- und Einblicke. Das Tiefsee-Team der *Polarstern* nahm in jenen Tagen Sediment- und Wasserproben und entdeckte mithilfe des OFOBS, kurz für *Ocean Floor Observation and Bathymetry System*, eine überraschende Artenvielfalt am Grund des Meeres, und das in einer Region, die wahrscheinlich Jahrzehnte von meterdickem Schelfeis bedeckt war. Mithilfe ihres Unterwasserkameraschlittens fanden meine Kolleg*innen auf dem ansonsten schlammigen Meeresboden beispielsweise Steine, die mit dem Gletschereis unter das Eis gelangt waren und auf denen Schwämme und Moostierchen wuchsen. Aber auch verschiedene Kraken, Fische und Seeschweine – lustig aussehende Tiere, die zu den Seegurken gehören – bekamen sie vor die Linse. Wenn man sich die Fotografien aus so großer Tiefe ansieht, kann man nur staunen ob der Formen- und Farbenvielfalt, die sich selbst in einer so lebensfeindlichen Region wie der Antarktis entwickelt. Dabei galt die Tiefsee lange als ein wüstenähnlicher Lebensraum, was den Gegebenheiten, auf welche die Wissenschaftler*innen der Tiefsee-Teams in Arktis und Antarktis bei ihren Expeditionen stoßen, in keiner Weise entspricht. Vielmehr erkunden sie mithilfe von ausgeklügelten Instrumenten regelrechte Tiefseegärten, und vieles von dem, was sie dort unten aufzeichnen, haben Menschen bisher kaum je zu Gesicht bekommen. Auch unweit der Neumayer-Station III unter dem 200 Meter dicken Ekström-Schelfeis offenbarte sich einem Team vom AWI noch im gleichen Jahr ein erstaunlich vielfältiges Ökosystem auf dem Meeresboden. Mit insgesamt 77 Arten war das nachgewiesene Leben sogar größer, als die vielen Proben vermuten ließen, die zuvor im Meerwasser genommen wurden. Mithilfe der Radiokarbonmethode untersuchten die Kolleg*innen Proben toter Tiere, die sie dort fanden, und stellten fest, dass das Leben unter dem Schelfeis seit mindestens 5800 Jahren existiert.

Im Januar 2022 ging dann die Nachricht von der Entdeckung des größten jemals gesichteten Fischbrutgebiets um die Welt. Im Weddellmeer entdeckten Kolleg*innen auf dem Meeresgrund dicht an dicht die Nester von Eisfischen. Das Forschungsteam schätzt, dass das Brutgebiet rund 60 Millionen Nester umfasst. Bei dieser Expedition war auch ich an Bord, und ich erinnere mich noch sehr gut, als die Kolleg*innen erstmals die Bilder dieses wortwörtlich lebhaften Ozeanbodens zeigten. Wir freuten uns über alle wissenschaftlichen und demografischen Grenzen hinweg über diesen historischen Fund.

Die isolierte Lage des antarktischen Kontinents sorgt dafür, dass viele der Arten nur dort vorkommen, da sich die Evolution aufgrund der schwierigen Lebensbedingungen, die vom Wechsel der Extreme geprägt sind, einiges einfallen lassen musste, um ein Überleben zu sichern. Nicht nur tief im Ozean, auch unter dem Meereis, darauf und an Land hat sich eine vielfältige Flora und Fauna entwickelt, die mit

Minusgraden weit im zweistelligen Bereich zurechtkommt, und das in einem Lebensraum, der zu großen Teilen vereist, bisweilen meterhoch mit Schnee bedeckt und vor allem in der eiskalten Antarktis sehr trocken ist, weil Wasser an Land fast ausschließlich in gefrorenem Zustand vorkommt. Und nicht zuletzt geht in den Wintermonaten die Sonne nicht mehr auf, und Pflanzen und Tiere müssen mit der andauernden Dunkelheit zurechtkommen. Im Gegensatz dazu scheint im Sommer 24 Stunden, sieben Tage die Woche die Sonne, die Luft erwärmt sich, und das Meereis gibt weite Wasserflächen und damit ein reichhaltiges Nahrungsangebot frei.

Diesem extremen Wechsel von Temperatur, Licht und Nahrungsangebot mussten sich die Organismen im Laufe der Evolution anpassen, um überleben zu können, und sie haben dadurch vielfältige und zum Teil hoch spezialisierte Mechanismen entwickelt. So drosseln viele Tiere vor allem im kalten und nahrungsarmen Winter ihren Stoffwechsel und wachsen nur sehr langsam, werden spät geschlechtsreif und zum Teil sehr alt. Grönlandhaie sind die langlebigsten Wirbeltiere der Welt. Ein Forschungsteam konnte mithilfe von Untersuchungen an der Augenlinse der Haie feststellen, dass sie mindestens 400 Jahre alt werden können und erst im Alter von 150 Jahren fortpflanzungsfähig sind. Ein wahrhaft biblisches Alter, das nur noch von wirbellosen Tieren getoppt wird, die ebenfalls in den Polarregionen beheimatet sind: Die Islandmuschel, die es mit 507 Jahren ins Guinness-Buch der Rekorde schaffte, ist auch für die Klimaforschung interessant, da anhand ihrer Schalen die Klimageschichte der vergangenen Jahrhunderte rekonstruiert werden kann. An den jährlichen Zuwachsringen lässt sich zum Beispiel nachweisen, dass sich die Nordsee im Verlauf der letzten hundert Jahre um 1 °C erwärmt hat. Das vermutlich älteste Lebewesen der Welt ist übrigens ein antarktischer Riesenschwamm, der bereits seit über 10 000 Jahren wächst.

Um den nahrungsarmen Winter zu überstehen, können viele der an Land lebenden Tiere in der Arktis auf enorme Fettreserven zugreifen, die sie sich für den Winter anfressen und die gleichzeitig als Kälteisolierung dienen. Eisbären haben eine bis zu zehn Zentimeter dicke Fettschicht, ihr Körperfettanteil liegt bei fünfzig Prozent, sogar noch mehr als der von arktischen Schneehühnern, die so viel fressen, dass sie am Ende des Sommers zu dreißig Prozent aus Fett bestehen. Ein gut isolierendes Gefieder oder Winterfell verhindert bei jenen Tieren, die wie wir ihre Körpertemperatur konstant halten, dass sie auskühlen. Viele suchen sich in den Wintermonaten zusätzlich einen windgeschützten Platz und drosseln ihren Energiebedarf deutlich. Polarfüchse und Hermeline sorgen im Sommer für schlechte Zeiten vor und legen sich für die kalte Jahreszeit eine Speisekammer an. Das größte bisher gefundene Vorratslager eines Polarfuchses enthielt sage und schreibe 136 Seevögel.

Auch viele andere Tiere haben sich den unwirtlichen Bedingungen der Polargebiete physiologisch angepasst. Rentiere können ihre Atemluft um bis zu 80 °C erwärmen, bevor sie die Lunge erreicht, und sie beim Ausatmen wieder abkühlen, um so nur sehr wenig Wärme an die Umgebung abzugeben. Bei Fischen, die in den Polargebieten leben, findet sich sogar «Frostschutzmittel» im Blut und in den Zellen, damit sie im Meerwasser auch bei -1,8 °C nicht erfrieren.

Dabei sind es nicht allein die vorherrschenden Extreme in Antarktis und Arktis, die an beiden Polen eine ähnliche Vielfalt an Strategien und physiologischen Spezialisierungen hervorgebracht haben. Auch die Unterschiede der beiden Polarregionen schlagen sich in der biologischen Vielfalt nieder, die sich von Pol zu Pol stark unterscheidet: Während sich in der Arktis an Land eine große Artenzahl findet – im hohen Norden sind über 21000 Tier- und Pflanzenarten nachgewiesen, fast zwei Drittel davon an Land, wie Polarfüchse, Schneehasen oder die Rentiere –, ist in der Antarktis das Leben vom Meer abhängig. Im arktischen Ozean leben etwa 7500 Arten, im Südpolarmeer sind es über 10000 Arten. Forscher*innen haben dort allein mehr als 8000 verschiedene wirbellose Tierarten gefunden. Und dabei sind einige Regionen der Antarktis bis heute noch gar nicht bis in den letzten Winkel erforscht! Fadenwürmer, Bärtierchen, Milben oder Springschwänze – auf den wenigen eisfreien Flächen der Antarktis leben immerhin noch ungefähr 1600 Tier- und Pflanzenarten. Mit bis zu sechs Millimetern ist das größte, permanent an Land lebende Tier in der Antarktis die flügellose Zuckmücke *Belgica antarctica*. Und sie ist hart im Nehmen: Weder Eiseskälte noch extreme Trockenheit machen der kleinen Mücke etwas aus. Weniger ist im Fall dieses Winzlings mehr, denn das Erbgut der Mücke ist das kleinste bisher sequenzierte Insektengenom. Das auf das absolut Nötigste beschränkte Erbgut scheint eine evolutionäre Strategie zur Anpassung an die lebensfeindlichen Bedingungen zu sein.

Auch mein Forschungsgebiet – das Meereis – ist voller Leben. Wenn ich auf meiner Eisscholle sitze, werde ich regelmäßig von Pinguinen besucht und kann vereinzelt Seevögel beobachten. Aber wir sind auch sonst nicht allein, denn im und am Eis lebt eine Vielzahl von Kleinstlebewesen, die für unsere Augen nicht sichtbar sind. «Ich habe eine neue Welt gefunden: die Welt der kleinen Organismen, die zu Tausenden und Millionen auf fast jeder Scholle überall in diesem grenzenlosen Meer leben», befand schon Fridtjof Nansen 1893. Wir kennen mittlerweile mehr als 2000 verschiedene

Arten, die das Meereis besiedeln: Bakterien, Algen und unzählige Floh- und Ruderfußkrebse. Viele von ihnen leben in den Salzkanälen im Eis. Diese vielfältige Lebensgemeinschaft bildet die Basis für die komplette Nahrungskette in den polaren Meeren. Die Kleinstlebewesen unter dem Meereis sind die Nahrung für kleinere Krebse, die wiederum auf dem Speiseplan der Fische stehen. Schauen wir unter das Eis, ist dessen Unterseite nicht selten gelblich bis braun gefärbt: Es ist die Biomasse des Südozeans, die dafür sorgt, dass das Leben unter dem Eis der Antarktis brummt. Unter dem Meereis, nur ein paar Meter unter mir, gehen dann Pinguine, Robben und Wale auf die Jagd – und auch in der Arktis herrscht dort reges Treiben. Wenn das Meereis im Sommer zu schmelzen beginnt, das erste Sonnenlicht durch die dünn gewordene Packeisdecke dringt, dann geht es mit dem Algenwachstum erst so richtig los. Zuerst erblühen die Eisalgen, die kaum Licht für ihre Fotosynthese brauchen, danach folgt eine regelrechte Blüte der Freiwasseralgen. Wenn diese absinken, decken sie damit den Tisch in der Tiefsee und auf dem Meeresboden, und alles Leben kommt in Schwung. Während der MOSAiC-Expedition entdeckten wir mit einer Tiefseekamera unter dem arktischen Meereis große Kalmare und Leuchtsardinen – viel weiter nördlich, als bisher angenommen! Die größte Überraschung kam jedoch beim Eisangeln zum Vorschein: Die Biolog*innen fingen drei Exemplare des Atlantischen Kabeljaus – eines Speisefisches, der normal an den Küsten vorkommt und dessen Erscheinen so weit im Norden eine echte Überraschung war. Die Freude der Kolleg*innen über den unverhofften Fund war so groß, dass einer der Fische sogar spontan und aus tiefstem Herz geküsst wurde. Was soll ich sagen? Was mir der Schnee ist, ist den Biolog*innen der Fisch. Wir sind mit Herzblut bei der Sache und geben alles für ein besseres Verständnis von dem, was in den entlegenen Gebieten unserer Erde passiert. Das Leben unter, in, auf und rund um das «ewige Eis», es ist vielfältiger, als die meisten von uns wissen. Über Jahrtausende und noch weit darüber hinaus haben sich die tierischen und pflanzlichen Bewohner*innen dieser Regionen auf die herrschenden Bedingungen eingestellt und erstaunliche Wege gefunden, um dort zu gedeihen. Von der Tiefsee, über die Wassersäule, das Meereis und die wenigen freien Landflächen bis zu den hohen Ebenen der Eisschilde – sie sind ideal an diese Regionen angepasst. Die Veränderungen, die wir in Arktis und Antarktis beobachten können, stellen diese hoch spezialisierten Lebewesen vor große Herausforderungen, und je schneller der Wandel voranschreitet, desto unwahrscheinlicher ist es, dass sie mit ihm Schritt halten und sich einmal mehr auf die extremen Bedingungen einstellen können.

Unterwegs auf dünnem Eis

Meine erste Expedition in die Arktis liegt nun schon über zehn Jahre zurück. 2012 führte sie mich nach Spitzbergen an die «raue Küste». Die Inselgruppe liegt nicht weit vom geografischen Nordpol entfernt und ist auch wegen dieser Lage ein Ort, an den seit Jahrzehnten Wissenschaftler*innen aus aller Welt reisen, um die Polarregion zu erforschen. Im Rahmen meines Studiums besuchte ich einen zweieinhalbmonatigen Blockkurs an der nördlichsten Universität der Welt, dem University Centre in Svalbard, kurz UNIS, um alles über die Wechselwirkungen zwischen Meereis, Ozean und Atmosphäre in den polaren Breiten zu lernen.

Für mich war es eine Reise, bei der ich vieles, was die Arktis so besonders macht, zum ersten Mal beobachten konnte. So habe ich dort oben das Nordlicht gesehen – gemeinsam mit meinen Kommiliton*innen. In farbigen Bändern und Spiralen schien das Licht über den Himmel zu tanzen. Manchmal sah es so aus, als würde es verlöschen, um dann wieder in voller Pracht aufzuwallen. Aurora borealis – das Nordpolarlicht sollte mich noch auf weiteren Expeditionen in den Norden begleiten – auch in der Antarktis habe ich es schon gesehen. Dort heißt das Phänomen «Aurora australis». Obwohl ich es inzwischen schon oft beobachten konnte, hat dieses Schauspiel zu keiner Zeit seinen Zauber für mich verloren.

Der Kurs beinhaltete auch eine Ausfahrt auf dem norwegischen Forschungsschiff *Lance*, mit dem wir in Richtung Framstraße aufbrachen und uns in der Eisrandzone eine Eisscholle suchten. Für knapp eine Woche erlernten wir Forschungs- und Messmethoden rund um das Meereis, den oberen Ozean und die Atmosphäre. Das alles natürlich – wie immer in der Arktis – unter den aufmerksamen Blicken einer Eisbär-Wache an Bord. Denn so beeindruckend es wäre, Eisbären aus nächster Nähe zu beobachten, so gefährlich sind sie für uns Forschende, wenn wir im Feld arbeiten. Inzwischen habe ich drei Eisbär-Sicherheits-Trainings absolviert. Es ist wichtig zu lernen, ruhig und kontrolliert zu reagieren, wenn ein Eisbär gesichtet wird. Im Notfall muss man in der Lage sein, seine Ausrüstung einzusetzen. Diese besteht auf dem Eis im Wesentlichen aus einem Funkgerät, um mit dem Schiff und der Eisbär-Wache zu kommunizieren, einem halb geladenen Gewehr und einer Signalpistole. Im Training lernen wir, wie man die Pistole und das Gewehr zielsicher und kontrolliert einsetzt. Für mich war das keine leichte Übung, da ich bis zu meinem ersten Schießtraining nicht einmal ein Luftgewehr auf dem Jahrmarkt in der Hand hatte. Aber Übung macht den Meister!

Um gar nicht erst in die Lage zu kommen, das Gewehr einsetzen zu müssen, sind die Maßnahmen offensichtlich: Nur wenn das Wetter es zulässt, verlassen wir das Schiff. Bei Nebel bleiben alle an Bord, denn dann sieht man auch als Eisbär-Wache die Hand vor Augen nicht. Ich erinnere mich an einen Satz aus dem Sicherheitstraining: Nur was du siehst, kannst du auch beschützen.

Wenn die Eisbär-Wache eine Sichtung vermeldet, während wir im Feld sind, müssen wir umgehend zurück auf das Schiff – die Scholle wird evakuiert. Auf das Eis kann es erst dann wieder gehen, wenn die Eisbären weitergezogen sind und es sicher ist. Und das kann Stunden dauern. Damit die Tiere es sich nicht zu gemütlich inmitten unseres Forschungscamps machen, werden Signalpistolen vom Schiff aus eingesetzt, um die Eisbären zu erschrecken und zu vertreiben. Sie sollen lernen, dass unser Camp kein gemütlicher Ort für sie ist.

Damals auf der *Lance* konnten wir die Uhr nach den Tieren stellen: Sobald wir beim Mittagessen saßen, schallte über die Lautsprecher die Nachricht von einer Eisbärsichtung direkt am Schiff. Die Priorität «Essen» wich bei mir in solchen Fällen umgehend der Priorität «Eisbär gucken». Und so habe ich die Könige der Arktis dann das erste Mal in ihrem natürlichen Zuhause sehen und erleben dürfen. Die Nase stets nach oben gerichtet, kamen die Tiere ganz nah an das Schiff und schauten zu uns herauf. Wir haben mindestens genauso neugierig zu ihnen hinuntergeschaut.

Während wir Wissenschaftler*innen auf der *Lance* mehr als ausreichend mit gutem Essen versorgt wurden, blieben die Eisbären hungrig draußen. Da ist es nicht verwunderlich, dass sie unsere Installationen auf dem Eis ganz genau unter die Lupe nahmen – vor Hunger, aber auch weil sie sehr neugierig sind. Was würden Sie tun, wenn jemand in Ihr Wohnzimmer kommt und dort eine Menge seltsamer Geräte aufstellte? Richtig, auch Sie würden wohl näher herangehen und die Sache genauer unter die Lupe nehmen. Und genau das tun die Eisbären, wenn sie in die Nähe des Schiffes und in die Forschungscamps auf dem Eis kommen – und zwar zum Teil sehr gründlich. Da werden herumliegende Handschuhe beschnüffelt und angekaut, der Sitz eines Schneemobils ausgiebig auf seine geschmacklichen Qualitäten hin geprüft – Urteil unbekannt –, und manchmal meldet sich auch der Spieltrieb. Während der MOSAiC-Expedition nahm die AWI-Fotografin Esther Horvarth ein ikonisches Foto auf, das mit dem anerkannten World Press Photo Award ausgezeichnet wurde und als Sinnbild für die dramatische Lage in der Arktis um die Welt gehen sollte. Es zeigt eine Eisbärmutter mit ihrem Jungen, die im Licht der Schiffsscheinwerfer mit einer unserer großen Markierungsflaggen spielt: Die Eisbären halten sich an einem letzten Strohhalm fest, bevor ihre Lebensgrundlage für immer verschwindet.

Dabei sind die Könige der Arktis eigentlich perfekt an ihren Lebensraum angepasst und hoch spezialisiert. Unter dem durchsichtigen, hohlen Fell absorbiert die schwarze Haut der Bären die Strahlung der Sonne, und es entsteht ein wärmendes Luftpolster. Das hält nicht nur die Kälte von außen ab, sondern isoliert auch die Wärme im Körper. Das Einzige, was man sieht, wenn man den Eisbären mit einer Infrarotkamera auf die Schliche kommen will, ist ihre Atemwolke, da nur über ihren Atem Körperwärme nach außen dringt.

Was ein Überleben auf dem Meereis auch bei zweistelligen Minusgraden erst ermöglicht, ist aber nicht immer von Vorteil. Strengt sich ein Eisbär heftig an, droht er ob der Isolierung zu überhitzen. Seine Körpertemperatur steigt dann sehr schnell, da das Tier deutlich mehr Energie verbraucht als üblich. Deshalb bewegen sich Eisbären meist auch eher langsam. Sie hecheln wie Hunde, um über die Zunge Wärme abzugeben. Wenn es doch zu heiß wird, springen sie ins eiskalte Wasser. Und auch dort ist der Eisbär in seinem Element. An seinen Tatzen befinden sich Schwimmhäute, die vornehmlich in den Sommermonaten zum Einsatz kommen, wenn viele Tiere sich fast täglich auch schwimmend fortbewegen. In einigen Regionen der Arktis gibt es Eisbären, die auf diese Weise große Strecken zurücklegen – 92 Kilometer schwamm ein Tier nördlich von Spitzbergen, 38 Stunden war die Bärin unterwegs, davon schwamm sie 18 Stunden ohne Pause und ging damit ein hohes Risiko ein, denn eine solche Schwimmeinlage ist für die Tiere kräftezehrend. Und auch Tauchen zählt zu den Fähigkeiten des großen Jägers. Wissenschaftler*innen haben herausgefunden, dass einige Tiere ihren Speiseplan auf diese Weise mit Makroalgen und Seetang ergänzen.

Trotz ihrer beeindruckenden Schwimm- und Tauchfähigkeit sind Eisbären vornehmlich im Winter auf dem Meereis zu Hause, im Sommer sind sie auch an den Küsten zu finden, wenn sie auf das Gefrieren der Meeresoberfläche warten. In allem ist der Eisbär an das Überleben auf diesem dynamischen und besonderen Untergrund angepasst. So sind seine Fußsohlen behaart, damit er keine kalten Füße bekommt oder ausrutscht. Seine Krallen fungieren dabei als «Spikes». Und auch der Eisbär schützt sich vor der blendenden Wirkung des Eises: Seine Augen verfügen über eine Nickhaut – eine Art Schneebrille, die in der gleißenden Helligkeit der Arktis vor Augenschädigungen und Schneeblindheit schützt.

Eisbären sind Einzelgänger und Räuber. Ihre Nahrung besteht vor allem aus Robben. Im offenen Meer oder an Land haben sie allerdings kaum Aussicht auf Erfolg. Sie sind bei der Jagd auf das Meereis angewiesen. Meist warten sie an Spalten oder Löchern im Eis, bis die Robben dort zum Luftholen auftauchen, oder spüren ihre Beute mit ihrem extrem gut ausgeprägten Geruchssinn unter den Eisschollen auf, werfen sich dann mit enormer Wucht auf das Eis, brechen es auf und erjagen so ihre Beute. Oder sie pirschen sich in Bauchlage heran, gegen die Windrichtung, und ihr weiß erscheinendes Fell macht sie auf dem Meereis für die Robben nahezu unsichtbar. Aufgrund dieser Jagdstrategien bevorzugt der Polarbär einjähriges, dünneres Meereis, wo Eisaufbrüche für optimale Jagdbedingungen sorgen.

Zum Aufbau ihrer Fettreserven sind die Bären auf die winterliche Robbenjagd angewiesen. Haben die Eisbären ausreichend Nahrung – je nach Ernährungszustand bringt ein ausgewachsener männlicher Bär bis zu tausend Kilogramm auf die Waage –, fressen sie nur das Körperfett ihrer Beutetiere und lassen den Rest liegen. Polarfüchse haben sich regelrecht darauf spezialisiert, die Beutereste der Eisbären zu fressen. Auch diese arktischen Bewohner kamen während der MOSAiC-Expedition regelmäßig auf einen Besuch vorbei. Dabei wurden sie weniger zur Gefahr für uns Menschen, sondern für die Stromversorgung unserer Geräte auf dem Eis. Denn auch diese Tiere sind stets hungrig und untersuchen dahin gehend alles, was sie auf dem Eis vorfinden – auch unsere Stromkabel. Geschmeckt haben kann es den Polarfüchsen nicht, und dennoch waren unsere Kolleg*innen gut beschäftigt, in der Polarnacht die angeknabberten Stellen zu finden und zu reparieren.

In den letzten Jahren hat sich die Jagdsaison der Eisbären aufgrund der abnehmenden Ausdehnung des sommerlichen Meereises stark verkürzt. Durch den Klimawandel schmilzt das Meereis früher im Jahr, und es dauert länger, ehe es im Winter wieder gefriert. Dabei haben die Eisbären nicht nur damit zu kämpfen, dass das Eis abnimmt, sondern dass dieser Prozess immer schneller voranschreitet. Alle Regionen, in denen die Eisbären leben, sind von diesen rasanten Veränderungen betroffen. Im Sommer finden die Tiere deshalb nicht mehr ausreichend Nahrung, um sich eine schützende Fettschicht anzufressen, und durch den Rückgang der Meereisdecke müssen sie oft weite und kräftezehrende Wege schwimmend zurücklegen, um das Eis zu erreichen. Die Tiere versuchen deshalb, sich an die veränderten Bedingungen anzupassen und neue Jagdgründe an den Küsten zu finden. Wissenschaftler*innen haben festgestellt, dass die Polarbären immer öfter in Vogelkolonien nach Beute suchen und dadurch wiederum den Bruterfolg einzelner Vogelarten massiv beeinträchtigen. Neueste Studien zeigen, dass auch in Svalbard lebende Tiere ihre Ernährung in den letzten Jahren notgedrungen umstellen. Seit den 1990er-Jahren, in einer Zeit, in der ein Rückgang des Meereises in der Region offensichtlich wurde, gibt es einzelne Sichtungen von Eisbären, die Jagd auf Rentiere machten – mit mal mehr, mal weniger Erfolg. Die Wissenschaftler*innen vermuten, dass dieses Verhalten in Zukunft noch häufiger auftreten könnte. Dennoch bleibt zweifelhaft, ob Eisbären ihren hohen Energiebedarf an Land überhaupt decken könnten.

Inzwischen kommen die Tiere uns Menschen auf ihrer Suche nach Beute gefährlich nahe. Es zieht die Eisbären immer öfter in Siedlungen, um auf Müllhalden nach Nahrung zu suchen. Das Städtchen Churchill an der Küste der Hudson Bay ist mittlerweile berühmt für seine Eisbären, deren Besuche die kanadische Kleinstadt zu einer touristischen Attraktion machen. Dort kann man im Herbst bis zu 900 Eisbären zählen, denn das Eis in der Bucht schmilzt im Sommer vollständig, sodass die Eisbären über die Küste ins Landesinnere ziehen. Erst kurz vor dem erneuten Zufrieren der Bucht Anfang November kehren die Bären dann wieder zur Küste zurück. Und das ist die Zeit, in der es passieren kann, dass ein hungriger Bär mitten in der Stadt auftaucht. Diese Besuche haben seit den 1960er-Jahren deutlich zugenommen. Eine Folge des Klimawandels: Da die Bucht immer länger eisfrei bleibt, sind die Eisbären bis zu acht Wochen länger an Land als noch vor zwanzig Jahren und verirren sich auf der Futtersuche dadurch immer häufiger auch in die Stadt. Für solche «Problembären» gibt es seit 1980 die «Polar Bear Holding Facility», Kanadas «Bärengefängnis». Um die Tiere nicht schießen zu müssen, werden sie betäubt, in eine Halle gebracht, um dann per Helikopter weiter nördlich wieder ausgesetzt zu werden – in der Hoffnung, dass ihnen damit die Lust auf den Stadtbummel vergangen ist.

Sind die Tiere durch die verlängerte Wartezeit an Land ausgehungert und in einem schlechten Ernährungszustand, sinkt die ohnehin geringe Aussicht auf eine neue Generation – erst mit vier bis sechs Jahren pflanzen sich Eisbären zum ersten Mal fort und bekommen dann etwa alle drei Jahre Nachwuchs, in der Regel nicht mehr als zwei Junge pro Wurf. Noch dazu hat sich die Evolution eine eigentlich sinnvolle Rückversicherung für die Eisbären einfallen lassen: Zwar paaren sich diese im Frühjahr, doch erst im Spätsommer kommt es zur Einnistung des Eis – je nach Ernährungszustand des Muttertiers. Ist das Eisbärenweibchen durch Nahrungsmangel im Sommer in einer schlechten Verfassung, wird die Trächtigkeit abgebrochen. Die Überlebenschancen der Eisbärin und ihrer Jungen wären zu gering.

Das früher schmelzende Eis erschwert von vornherein die Partnersuche der Eisbären, denn weibliche Tiere hinterlassen Sekrete auf dem Eis, die ihre Paarungsbereitschaft signalisieren. Ausgerechnet zur Paarungszeit im Frühjahr unterbricht das durch die Erderwärmung schneller schmelzende Eis diese «Duftrouten». Neueste Studien zeigen, dass durch den Verlust der durchgängigen Meereisdecke die Eisbärpopulationen immer stärker isoliert werden, was dazu führt, dass die Fortpflanzung immer öfter zwischen miteinander verwandten Tieren stattfindet. Die genetische Vielfalt nimmt ab, was die Tiere anfälliger für Krankheiten und Umweltveränderungen werden lässt. Ausgehungerte, geschwächte oder sogar kranke Tiere haben wiederum einen geringeren Jagderfolg. Die Tiere geraten in einen Teufelskreis.

Forscher*innen konnten zeigen, dass die Körperfitness der

Eisbären mit der Dauer der Meereisdecke korreliert. Sie verglichen den Body-Mass-Index und andere Fitnessindizien von 900 Tieren aus der südlichen Hudson Bay und fanden einen deutlichen Zusammenhang: Die eisfreie Zeit in dieser Region nahm von 1980 bis 2012 um etwa dreißig Tage zu. Gleichzeitig wurde die körperliche Verfassung der Eisbären deutlich schlechter. Da sich der Trend zu einer längeren eisfreien Zeit in Zukunft fortsetzt, ist ein weiterer Rückgang der Körperkondition und damit der Überlebenschancen der Eisbären vorprogrammiert.

Da die Tiere außerdem am oberen Ende der Nahrungskette stehen, reichern sich in ihnen Schadstoffe an, die ihr Immunsystem schwächen können. Im Blut von Eisbären wiesen Forscher*innen zahlreiche potenziell schädliche Umweltgifte nach. In der Arktis werden riesige Erdöl- und Erdgasvorkommen vermutet, die durch den Eisrückgang verstärkt gefördert werden können. Außerdem legt der Klimawandel neue Schifffahrtsrouten im Polarmeer frei. Sind die Nordostpassage und die Nordwestpassage dauerhaft eisfrei, verkürzen sich die Seewege von Amerika oder Europa nach Asien deutlich. Dadurch verwandelt sich die nördliche Polarregion in den Augen der großen Wirtschaftsmächte immer mehr in einen vielversprechenden Wirtschaftsraum. Auch wenn die Besitzverhältnisse noch nicht geklärt sind, hat der Wettlauf um die arktischen Bodenschätze längst begonnen. Die zunehmende Industrialisierung und der Schiffsverkehr engen den Lebensraum der Bären weiter ein. Auch werden die Eisbären noch immer, teils über eingeführte Quoten, bejagt, was 800 bis 1000 Eisbären pro Jahr das Leben kostet.

Nach einer Prognose kanadischer Forscher*innen könnte der Eisbär bis 2100 fast aussterben. Im Moment leben in der Arktis noch 20000 bis 25000 Eisbären, doch durch das zurückgehende Eis in großen Teilen der nördlichen Polarregion nehmen die Populationen ab. Die Weltnaturschutzunion IUCN hat den Eisbären daher als gefährdet auf die Rote Liste der bedrohten Arten gesetzt.

Wenn das Land aus Schnee und Eis erst einmal verschwunden ist, dann werden nicht nur meine Begegnungen mit dem Eisbären ferne Erinnerungen an ein fremdes Wesen sein, das kaum jemand noch in freier Wildbahn zu Gesicht bekommen hat und das einmal als König der Arktis galt. Wenn wir nicht schnell etwas an unserem Umgang mit diesem Planeten ändern, werden wir auch Zeugen geworden sein, wie zwei einzigartige Ökosysteme verloren gingen – wir sind es ja schon jetzt. Drehen Sie also noch einmal mit mir am Globus und folgen Sie mir in die Antarktis, in das Reich eines nicht weniger faszinierenden Wesens, das, weit kleiner zwar, doch ebenso bestens an seine Umwelt angepasst, als Indikator für den Zustand der eisigen Welt im Süden gilt.

Das große Kuscheln

Vor inzwischen fast zehn Jahren brach ich mit meinen Kolleg*innen zu einer besonderen Expedition in die Antarktis auf. Ich habe es ja schon beschrieben: Üblicherweise reisen wir mit dem deutschen Eisbrecher mit der Sonne um den Globus, sodass wir in den jeweiligen polaren Sommermonaten in Antarktis und Arktis in ihrem immerwährenden Schein forschen können. 2013 aber stand ein antarktisches Winterexperiment auf dem Plan. Von Juni bis August ging es für uns durch den gefrorenen Südozean – inmitten von Kälte und Dunkelheit. Am Tag der Wintersonnenwende auf der Südhalbkugel, am 21. Juni, erreichten wir im Stockdunkeln unsere erste Eisstation auf dem Nullmeridian (0° E/W) und ungefähr 66,5° S um 15:00 Uhr. «Eisstation machen» bedeutet, dass wir mit dem Schiff an einer Eisscholle anlegen und diese direkt von Bord aus betreten. Die Arbeiten auf dem Meereis unter solchen Bedingungen wollen sorgfältig geplant werden: Von der Schiffsbrücke aus suchen wir eine Eisscholle, die für unsere Forschungen geeignet ist und die wir in den kommenden Tagen beproben wollen. Ist die richtige Scholle erst einmal gefunden, geht es um Praktisches – darum, in welche Richtung welcher der drei Schiffsscheinwerfer ausgerichtet wird, wir suchen die Stirnlampen an Bord zusammen und ziehen die mehreren Lagen Kleidung über, die es in der Südpolarnacht und bei Eiseskälte braucht. Wenn wir die Eisscholle dann betreten, wir unsere Arbeit aufnehmen und ich meine Messungen durchführe, spielt sich trotz aller Planung dann aber regelmäßig folgendes Schauspiel ab: Kaum haben die Forschungen auf der Scholle begonnen, werden wir zahlreich besucht. In großen Gruppen springen Kaiserpinguine aus dem Wasser und landen bäuchlings auf der Scholle. Entweder es geht dann gleich auf dem Bauch und über das Eis schlitternd weiter, oder die Tiere richten sich gemächlich auf und sehen sich an, was hier vor sich geht.

Bei unserer ersten Eisstation und konzentriert nur auf das, was im schmalen Lichtkegel der Stirnlampen sichtbar war, bemerkten wir den Besuch zunächst nicht einmal, bis wir hinter uns ein seltsames Geräusch wahrnahmen. Es waren die Kaiserpinguine, die in Reih und Glied bäuchlings über den Schnee rutschten. Um einen besseren Überblick über das zu gewinnen, was wir auf dem Eis trieben, stießen sie sich über den Schnabel ab und richteten sich zu ihrer vollen Größe auf. Es war ein surrealer Anblick, wie sie da im Licht unserer Stirnlampen standen und uns beobachteten. Im Laufe meiner Expeditionen in die Antarktis kam es zu vielen solcher Begegnungen.

Die abschließenden Arbeiten in jenem antarktischen Winter fanden im mehrjährigen Eis statt, der Schnee war dort also wesentlich dicker. Die Schneegruben, die wir graben mussten, reichten über einen halben Meter tief. Eine nicht zu verachtende Fallhöhe für einen kleinen Pinguin. Ich redete ihnen daher unermüdlich gut zu und versuchte, ihnen zu erklären, besser nicht näher zu kommen. Zum Glück haben die Tiere scheinbar einen natürlichen Reflex und halten einen gewissen Sicherheitsabstand. Am Ende unseres Außeneinsatzes schlossen wir die Schneegruben selbstverständlich wieder, um ein nachträgliches Hereinfallen unserer Besucher zu verhindern.

Wobei es ja eigentlich wir sind, die ihre Besucher waren. Es schien jedenfalls fast so, als hätten die Pinguine ebenfalls an dem Umweltschutzseminar teilgenommen, das alle Besucher*innen des südlichen Kontinents nach dem Umweltschutzprotokoll absolvieren müssen. Um die Ursprünglichkeit und Einzigartigkeit einer der letzten Orte dieser Erde, die die Bezeichnung Wildnis verdienen, zu schützen, gelten international verbindliche Verhaltensregeln, die man kennen sollte, wenn man sich dort bewegt. Und so bekommen wir Expeditionsteilnehmer*innen wichtige Grundregeln mit auf den Weg in den tiefen Süden: Lärm vermeiden, die Vegetation schonen und ein sehr wichtiger Punkt: einen Mindestabstand einhalten, um die Tiere in ihrem natürlichen Lebensraum nicht zu stören. Bei Pinguinen beträgt dieser zum Beispiel fünf Meter, vor Kolonien sogar zehn Meter. Die Grundregel: Schauen ist erlaubt – aber nur mit ausreichender Distanz. Der ein oder andere Pinguin scheint hier geschlafen zu haben, denn die neugierigsten unter ihnen halten den Mindestabstand für eine zu vernachlässigende Größe. Und wer sollte es ihnen verübeln? Die ausgewachsenen Tiere haben auf dem Eis im Grunde genommen keine natürlichen Feinde und watscheln auch deshalb unbefangen und interessiert zwischen den menschlichen Besuchern auf ihrer Scholle umher.

Wie wissbegierig die Tiere sind, zeigte sich auch, als einige meiner Kolleg*innen kleine, ferngesteuerte Messflugzeuge zur Bestimmung von Austauschprozessen zwischen Ozean und Atmosphäre über die Scholle fliegen ließen und die ganze Aktion zu einer Art «Flugschule» auf dem Eis geriet. Es schien fast so, als wollten die Pinguine, die nicht zu den flugfähigen Tieren zählen, es unseren Geräten gleichtun. Vor allem die Adeliepinguine waren ganz besonders neugierig. Die verhältnismäßig kleinen Vögel sind wesentlich quirliger als die Kaiserpinguine. So flitzten sie auch hier ziemlich schnell über die Eisschollen – oder standen flügelschlagend neben den kleinen Messflugzeugen auf dem Eis, ohne jedoch auch nur ansatzweise von der Scholle abzuheben. Stattdessen verließen sie uns schließlich mit einem geübten Kopfsprung ins Wasser. Wenn sich die Wasserfläche um uns herum weit genug öffnete, konnten wir beobachten, wie sie durchs Wasser sprangen und sich immer weiter von uns entfernten.

Auch wenn wir Pinguine in Tierdokumentationen vorwiegend über das Eis watscheln sehen, ist ihr eigentlicher Lebensraum das Meer. Hier sind sie in ihrem Element. Hier bewegen sie sich pfeilschnell durch das Wasser, hier sehen die Tiere gut, denn ihre Augen sind für das Jagen auf Sicht unter Wasser gemacht, hier tauchen sie bis in 500 Meter Tiefe nach Fischen, Tintenfischen und Krill, können bis zu zwanzig Minuten unter Wasser bleiben und haben nichts mehr gemeinsam mit den scheinbar tollpatschigen Wesen an Land.

Und dennoch zieht es die Pinguine jedes Jahr genau dorthin wieder zurück. Denn im April, wenn der antarktische Winter beginnt, nehmen die Tiere Hunderte von Kilometern Wegstrecke in Kauf, um zur Paarung und zum Brüten in ihre Kinderstube zurückzukehren. Ein großes Durcheinander entsteht, wenn sie in Massen aus dem Wasser auf das Meereis geschossen kommen, und doch scheint jeder Vogel ganz genau zu wissen, wo es langgeht, macht sich meist auf dem Bauch schlitternd auf den Weg und findet sich in riesigen Kolonien zusammen.

Nur etwa sieben Kilometer entfernt von der Neumayer-Station III befindet sich in der Atka-Bucht eine große Kaiserpinguinkolonie. Die Tiere treffen jedes Jahr aufs Neue im antarktischen Winter zur Paarung und zum Brüten auf dem Festeis direkt am Übergang zum Schelfeis ein.

Brüten im Winter? Bei Temperaturen weit unter dem Gefrierpunkt? Was evolutionär gesehen nicht wie eine besonders gute Idee erscheint, ergibt dennoch Sinn, denn die Jungvögel können auf diese Weise den nahrungsreichen Frühling und Sommer nutzen, um sich eine dicke Fettschicht und ein wasserfestes Gefieder zuzulegen. Das ist bei den ganzjährig eisigen Temperaturen der Antarktis lebenswichtig.

Die Tiere haben ein Gefieder, das sich im Laufe der Evolution speziell an die extremen Bedingungen angepasst hat. Es besteht aus kurzen Federn, wird von ihnen mithilfe eines tranigen Drüsensekrets eingefettet und ist somit wasserdicht. Pinguine verfügen außerdem über eine dicke Fettschicht, die für eine perfekte Wärmeisolierung sorgt. Das funktioniert so gut, dass quasi keine Körperwärme nach außen dringt, sodass sogar Schnee auf den Tieren liegen bleibt, ohne zu schmelzen.

Doch das ist nicht die einzige Strategie, die das Überleben der etwa einen Meter großen Kaiserpinguine in der Kälte sichert. Da sie zum Brüten monatelang auf dem Eis stehen müssen, sind Pinguinfüße speziell für die Kälte gemacht. Um Wärmeverluste zu vermeiden, regulieren die Tiere den Wärmestrom nach dem sogenannten Gegenstromprinzip. In die Füße strömendes warmes Blut aus dem Körper gibt die Wärme auf seinem Weg nach unten an parallel verlaufende kalte Venen ab. Je näher das arterielle Blut den Füßen kommt, desto kälter wird es. Das aufgewärmte Blut in den Venen fließt derweil zurück in den Körper. So bleiben die Füße schön kalt, frieren nicht fest, und es geht keine Wärme an den eisigen Untergrund verloren. Das spart wichtige Energie und hilft beim Aufrechterhalten der Körpertemperatur.

Die Kolonie in der Atka-Bucht besteht aus etwa 26 000 Tieren. Wenn die Balzzeit beginnt, wird es dort laut. Die männlichen Tiere trompeten mit geschwellter Brust ihr individuelles

Lied, um das Weibchen anzulocken – so ruhig, wie es zuweilen heißt, ist es in der antarktischen Eiswüste also nicht überall. Auch dass Kaiserpinguine ihr Leben lang monogam seien, entspringt einer romantischen Vorstellung. Sie bleiben zwar mit demselben Partner für die gesamte Saison zusammen, wählen aber normalerweise im nächsten Jahr einen neuen.

Das Kaiserpinguinweibchen legt dann nur ein einziges ungefähr 450 Gramm schweres Ei, das sie dem Männchen nach dem Legen übergibt. Ein heikler Moment, da das Ei auf keinen Fall auskühlen darf. Das Pinguinpärchen stellt sich Zehen an Zehen voreinander auf, und das Weibchen rollt das Ei vorsichtig mit dem Schnabel zum Männchen, der es auf seine Füße aufnimmt und unter einer Falte seines Bauches wärmt. Die Weibchen kehren daraufhin ins Meer zurück, um sich genug Fettreserven anzufressen, denn die Produktion des Eis hat Kraft gekostet.

Um der Kälte zu trotzen, bilden die brütenden Männchen derweil sogenannte «Huddles» – Gruppen von oft mehr als hundert Tieren, die so dicht stehen, dass die Pinguinforscher*innen bis zu zehn Vögel pro Quadratmeter zählen. Das große Kuscheln kann beginnen. Und das ist effektiv: In einem «Huddle» liegen die Temperaturen meist über dem Gefrierpunkt und können sogar über zwanzig Grad Celsius erreichen. So kuschelig wird es allerdings nur im Innern des dichten Gedränges. Die Pinguine in den Außenbereichen sind den unwirtlichen Bedingungen scheinbar schutzlos ausgeliefert.

Doch wer genauer hinschaut, der kann etwas Erstaunliches beobachten. Eben das hat einer der ehemaligen Überwinterer während seiner Zeit auf der Neumayer-Station III getan. Er stellte dabei fest, dass die Pinguinkolonie auf dem Eis der Atka-Bucht für das menschliche Auge kaum sichtbare Kreisbewegungen vollzieht – damit ein jeder Pinguin einmal im warmen Inneren der Kolonie seinen Platz findet. Die Tiere stehen zwar an einigen Stellen so dicht, dass sich der Einzelne kaum bewegen kann, doch insgesamt agieren sie als Gruppe. Zuweilen öffnet sich dadurch innerhalb des Huddles eine Lücke, wird diese zu groß, schließen die Pinguine zu ihren Nachbarn auf. Alle dreißig bis sechzig Sekunden machen alle Pinguine ganz kleine Schritte, die sich wellenförmig durch den gesamten Huddle bewegen, sodass die Pinguingruppe eine optimale Packungsdichte erreicht. Ihre Choreografie ist dabei so ausgeklügelt und optimal berechnet, als hätten die Tiere ein jahrelanges Studium der Physik absolviert. Mit der Zeit führen die Bewegungen zu einer groß angelegten Umstrukturierung des Huddles, und es kommt zur Reorganisation, sodass auch Tiere, die am kalten Rand stehen, auf windgeschütztere und wärmere Plätze aufrücken. Da es für die Pinguinforscher*innen sehr schwierig ist, ob der Ähnlichkeit der Tiere zu unterscheiden, wer nun wo steht und ob sich die Pinguine bewegt haben, wurde ein ferngesteuertes Pinguinobservatorium namens SPOT, kurz für *Single Penguin Observation and Tracking*, an der Schelfeiskante der Atka-Bucht installiert. Der kleine, orangefarbene Container neben der Pinguinkolonie ist mit sechzehn Kameras ausgestattet und dient der langfristigen Untersuchung des Phänomens, ohne dass Wissenschaftler*innen die Vögel stören müssten. Es ist sogar noch im Dunkel der Polarnacht möglich, die Wärmestrahlung der Pinguine aufzunehmen. Die Foto- und Videodaten werden direkt an die Forschenden ins warme Büro zu Hause übertragen und können dort analysiert und die Kameras gesteuert werden. Mithilfe von Zeitrafferaufnahmen werten die Wissenschaftler*innen aus, wie sich die Pinguine innerhalb des Huddles bewegen und ihn reorganisieren. Es gibt von diesen Bewegungen tolle Aufnahmen im Internet zu sehen.

Trotz Gruppenkuscheln kostet das Brüten in der Kälte natürlich Kraft. Und es dauert! Auch wenn nach ungefähr sechzig Tagen das Küken schlüpft, muss es weiterhin in der Bauchfalte des Vaters gewärmt und vor den Winterstürmen in der Antarktis geschützt werden, da sein Daunengefieder noch nicht genügend Kälteschutz bietet. Der Vater füttert es mit einer milchigen Substanz, die er in seiner Speiseröhre produziert, obwohl er selbst vier Monate lang keine Nahrung aufgenommen hat. Wenn die gut genährten Weibchen im August zurückkehren, haben die Männchen bis zu zwanzig Kilogramm Gewicht verloren. Es wird also Zeit, dass die Weibchen sie ablösen. Beim Austausch des Kükens muss es wieder sehr schnell gehen, denn das Kleine hält es ungeschützt nur wenige Augenblicke in der Kälte aus. Viele Küken überleben gerade diesen Moment nicht. Die Pinguinmutter hat für die Küken etwa drei Kilogramm vorverdauten Fisch mitgebracht. Nach ungefähr acht Wochen gehen dann beide Eltern auf Nahrungssuche, während sich die Jungtiere in Kindergärten zusammenfinden und einander wärmen.

Wenn der antarktische Sommer dann endlich beginnt, werden die kleinen Pinguine flügge, und die Kolonie löst sich wieder auf, und das winterliche Brüten zahlt sich aus, denn nun haben die Tiere viel Zeit, sich Fettreserven für den eisigen Winter anzufressen. Es ist faszinierend zu sehen, wozu die Natur in der Antarktis fähig ist. Wenn wir im Frühsommer auf dem Festeis der Bucht unterwegs sind, wird auch für uns Menschen klar, wer hier das Sagen hat, denn vom Schelfeis gelangt man nur über eine kleine Rampe auf das Festeis, die sich jährlich durch das Anwehen von Schnee an der Schelfeiskante bildet. Direkt dahinter stehen oftmals schon die Pinguine. Sie erscheinen mir dabei zuweilen wie ein Begrüßungskomitee auf diesem entlegenen Forschungsgrund.

Es bedarf besonderer Umsicht, um den Tieren an diesem Übergang nicht zu nahe zu kommen – und ihnen selbstverständlich immer Vorfahrt zu gewähren, denn nicht nur mit Mindestabständen, auch mit den Vorfahrtsregeln nehmen es die Pinguine nicht so genau.

Um die Ökologie der Kaiserpinguine, ihre Bewegungen und die Entwicklung der Population noch besser zu verstehen, will das internationale Team der Pinguinforscher*innen im nächsten Winter mit einem kleinen, autonomen Roboter mitten in die Kolonie fahren. Sie erhoffen sich, dass er Teil des Huddles wird. Vor allem soll der Roboter die winzigen Elektronikchips auslesen, die das Forschungsteam einigen Küken vor ein paar Jahren unter die Haut gesetzt hat. Da diese Chips keine eigene Stromversorgung haben, kann man sie nur aus geringem Abstand von einem bis zwei Metern auslesen, und wie wir im Umweltschutzseminar gelernt haben, würde ein Mensch, der sich den Tieren derart nähert, sie unnötig stressen. An den Roboter hingegen können sich die Tiere langsam gewöhnen.

Für die Kaiserpinguine, die zum Brüten auf das stabile Meereis angewiesen sind, könnte der Klimawandel drastische Auswirkungen haben. Erwärmt sich das globale Klima weiter wie bisher, erwarten Wissenschaftler*innen, dass der Bestand bis 2100 um 86 Prozent zurückgehen wird. Laut ihrer Prognose hängt die Zukunft der Pinguine maßgeblich von der globalen Klimapolitik ab. Ein Verlust lässt sich aber schon jetzt nicht mehr vermeiden. Das Team stellte fest, dass im besten Fall – bei Erreichen des 1,5-Grad-Ziels – trotzdem neunzehn Prozent der Kaiserpinguinkolonien bis zum Ende des Jahrhunderts verschwinden werden. Pinguine gelten wie kein anderes Tier als Indikatoren für den Zustand und die Veränderung antarktischer Ökosysteme. Daher ist die

Erforschung ihrer Lebensweise extrem wichtig, um daraus effektive Schutzmaßnahmen für die Tiere selbst, aber auch für ihren einzigartigen, durch den Klimawandel massiv gefährdeten Lebensraum abzuleiten. Auch deshalb setzen sich Deutschland und viele weitere Staaten seit Jahren dafür ein, das rund vier Millionen Quadratkilometer große Gebiet westlich der antarktischen Halbinsel und das artenreiche Weddellmeer unter Schutz zu stellen. Es wäre die weitreichendste Maßnahme zum Meeresschutz, die jemals beschlossen wurde. Leider ist auch 2021 die dringend geforderte Ausweisung bei der Konferenz der *Commission for the Conservation of Antarctic Marine Living Resources* (CCAMLR) gescheitert – aber wir geben nicht auf und tragen mit unserer Forschung weiter dazu bei, die Notwendigkeit der Einrichtung von Schutzzonen im Fokus zu behalten.

Der Klang des Ozeans

Es pfeift, brummt, singt, und manchmal kracht es auch aus einigen der Lautsprecher in den Büros am AWI in Bremerhaven. Die Geräusche klingen fast außerirdisch. Das sind sie natürlich nicht, vielmehr dringen sie aus den Tiefen des Südpolarmeers unter dem mächtigen, antarktischen Schelfeis an meine Ohren, wenn ich die Räumlichkeiten der Forschungsgruppe Ozeanische Akustik besuche. Seit 2005 zeichnet das akustische Observatorium «PALAOA» nördlich der deutschen Forschungsstation Neumayer III akustische Signale unter dem Eis auf. Der Name des Observatoriums steht kurz für *Perennial Acoustic Observatory in the Antarctic Ocean* und ergibt als Akronym das alte hawaiianische Wort für «Wal». Über Unterwassermikrofone, sogenannte Hydrofone, WLAN und Satellitenverbindungen werden die Geräusche aus der Antarktis direkt nach Bremerhaven übertragen. So können Biolog*innen das Verbreitungsgebiet von Meeressäugern wie Robben und Wale unter dem Eis erforschen – und das sogar im Winter, wenn die dichte Meereisdecke und die Polarnacht regelmäßige Beobachtungen verhindern.

Die Ozean-Akustiker*innen am AWI haben ein gutes Ohr für die Klänge, die aus den Lautsprechern dringen. Sobald das Tonmaterial bearbeitet wurde, erkennen sie mittlerweile die meisten Laute und können sie den verschiedenen Tierarten zuordnen. Auf meiner ersten Expedition in die Antarktis, zu der wir Ende 2010 aus Kapstadt aufbrachen, habe ich dieses faszinierende Hörspiel der anderen Art das erste Mal selbst hören dürfen. Ich konnte damals gar nicht glauben, dass diese Töne wirklich in den Tiefen des Südozeans aufgenommen wurden. Bis dahin hegte ich eher die romantische Vorstellung eines tiefen und vor allem stillen Ozeans – aber weit gefehlt. Es war ein regelrechter Teppich aus Klängen, der uns aus den Lautsprechern entgegenschallte. Denn nicht nur die Geräusche der Meeressäuger, sondern auch die des Meereises zeichnet das Hydrofon auf: Da kracht und knirscht es, da reiben Schollen aneinander, wenn die Meereisdecke aufbricht, da wird Wind hörbar und auch der Gang der Wellen. Auch die Kollision von Eisbergen hat das Hydrofon aufgenommen – es ist ein Klang, als würde eine Bombe explodieren.

Bei der Expedition Ende 2010 waren Forschende an Bord, bei denen sich alles um die Meeressäuger drehte. Die Wissenschaftler*innen hatten Wärmebildkameras auf dem Krähennest installiert, dem höchsten Aussichtspunkt des Schiffes, mit deren Hilfe sie den Blas der Wale detektierten: Sobald ein Wal auftaucht, stößt er seine Atemluft durch ein Blasloch nach oben. Die dabei entstehende Fontäne ist wärmer als das umgebende kalte Meer und kann so von einer Wärmebildkamera erfasst werden. Auf diese Weise können die Wissenschaftler*innen zum Teil doppelt so viele Tiere zählen als mit einem Fernglas. Abgesehen davon kann es im Krähennest unangenehm kalt und windig werden, und die Kamerabilder bieten den Luxus einer Auswertung im Warmen.

Um die Bewegung und Häufigkeit der Meeresbewohner nicht nur zu einem bestimmten Zeitpunkt von Bord aus zu beobachten, sondern den Tages- und Jahresgang der Tiere besser zu verstehen, also bestimmte Muster in ihrem Verhalten zu erkennen, haben die Forschenden ähnliche Hydrofone auch an Langzeitverankerungen im Südozean ausgebracht.

Das PALAOA ist die längste zivile akustische Messreihe dieser Art, und es hat neue Erkenntnisse über die Verbreitung von Wal- und Robbenarten zutage gefördert. Die Wissenschaftler*innen identifizierten auf den Aufnahmen die Gesänge von Blauwalen und widerlegten damit die Annahme, diese Tiere würden eisbedeckte Gewässer meiden. Blauwale sind vermutlich die größten Lebewesen, die jemals auf der Erde gelebt haben. Allein das Herz dieser Tiere ist so groß wie ein Kleinwagen. Sie können mehr als dreißig Meter lang werden und ein Gewicht von bis zu 190 Tonnen erreichen. Und sie sind Weltreisende. Den Winter verbringen sie in gemäßigten und subtropischen Gebieten, um sich zu paaren und ihre Kälber zur Welt zu bringen. In dieser Zeit nehmen sie kaum Nahrung zu sich. Das große Fressen und der Aufbau von Fettreserven beginnt erst, wenn sich die Tiere im Frühling aufmachen, um in den Polargebieten große Mengen winziger und auf den ersten Blick unscheinbarer Tierchen zu fressen, von denen aber bei genauerer Betrachtung das Leben vieler Tiere in den Polarregionen und darüber hinaus abhängt – die Rede ist von Krill. Die Hauptnahrung der Meeresriesen besteht aus diesen kleinen, durchsichtigen Krebsen. Wenn sie fressen, schwimmen die Wale durch riesige Schwärme dieser Krebstiere und nehmen – einfach indem sie sich durch das Wasser voranbewegen – krillhaltiges Wasser auf. Dieses pressen sie dann durch die von ihrem Oberkiefer hängenden Barten und halten die kleinen Krebse wie in einem Sieb zurück. Die unterschiedlichen Größenverhältnisse zwischen dem gigantischen Räuber und dem kleinen Beutetier sind einzigartig. Der Blauwal muss die kleinen Krebse in Massen fressen, damit er satt wird, und kann an einem einzigen Tag bis zu sechzehn Tonnen Krill zu sich nehmen. Kein Wunder, dass norwegische Walfänger dem kleinen Krebstier den Namen Krill – «Was der

Wal frisst» – gegeben haben. Dabei ist es wesentlich mehr als nur Walfutter. Weltweit gibt es insgesamt 86 Arten. Der Antarktische Krill ist die bekannteste unter ihnen. In den 70er-Jahren wurde er als mögliche Lösung diskutiert, die wachsende Weltbevölkerung zu ernähren, und hat es damals in fast alle Medien geschafft. Der Krill lebt im Südpolarmeer, kann bis zu sieben Zentimeter groß werden und blau leuchten. In einem Kubikmeter Meerwasser können 10 000 bis 30 000 der kleinen Krebse schwimmen. Das ist eine gewaltige Biomasse, die den Ozean stellenweise rot färbt und Nahrung für viele weitere Lebewesen bietet. Fische, Pinguine, Seevögel, Robben und eben auch Wale ernähren sich von den Krebstieren. Krill nimmt eine Schlüsselrolle in der antarktischen Nahrungskette ein. Einige Tierarten wie der Blauwal oder der Antarktische Zwergwal sind völlig auf den Krill angewiesen. Diese Abhängigkeit und die damit verbundene Bewegung der Meeressäuger durch die Wassersäule verstehen wir auch durch die ausgebrachten Hydrofone immer besser. Denn an vielen Orten findet sich Krill tagsüber eher an der Meeresoberfläche, und nachts sinkt er in tiefere Schichten des Ozeans. Genau diese Vertikalbewegung haben die Forschenden auch bei den Antarktischen Zwergwalen beobachten können: Hält sich der Krill in tieferen Schichten auf, sind die Wale nachts dort auch lauter, wohingegen sie tagsüber ganz leise werden.

Der Krill selbst lebt äußerst energieeffizient von Plankton, das er aus dem Wasser filtert. Er weidet an der Unterseite des Meereises Algen und Kleinstlebewesen ab und kurbelt so das gesamte Ökosystem der Antarktis an. Dass der Krill am und unter dem Meereis lebt, war lange Zeit unbekannt. Erst bei einer Expedition im antarktischen Winter im Jahr 2013 machten sich Taucher*innen auf die Suche und fanden an und auf der zerklüfteten Unterseite des Meereises riesige Schwärme von Krill-Larven, stellenweise mehr als 10000 Tiere pro Quadratmeter. In den Höhlen und Nischen der übereinandergeschobenen Eisschollen ist die Kinderstube der Krebse vor Fressfeinden geschützt, und die kleinen Tiere finden ausreichend Nahrung. Das legt natürlich nahe, dass der Nachwuchs im Winter auf das Meereis angewiesen ist. Für diese Theorie spricht, dass die Krilldichte im Sommer direkt mit der Ausdehnung des Meereises im vorherigen Winter zusammenhängt. Ist diese größer, wirkt sich das positiv auf die Krilldichte im Sommer aus, da die Larven des Krills an der Eisunterseite ein reichhaltiges Eisalgenbuffet vorfinden. Datenauswertungen, die bis zum industriellen Walfang in den 1920er-Jahre zurückreichen, zeigen, dass seit ungefähr vierzig Jahren die Krillbestände abnehmen und sich die Populationen aufgrund von steigenden Wassertemperaturen immer weiter polwärts verlagern. Und auch wir Menschen nehmen direkten Einfluss auf die Population des Krills. Im atlantischen Teil des Südozeans wird er stark befischt. Denn vor allem das Krillöl nutzen wir auch hier bei uns in Deutschland als Omega-3-haltiges Nahrungsergänzungsmittel. Die Veränderungen, denen die Krillbestände ausgesetzt sind, haben Folgen für die gesamte Nahrungskette des Südozeans und damit für das Ökosystem dieses empfindlichen Lebensraums. Noch ist unklar, wie sich der Klimawandel mit all seinen Folgen, wie zum Beispiel der Versauerung der Ozeane, in Zukunft auf den Bestand des Krills auswirken wird. Laborexperimente haben aber gezeigt, dass ab einem bestimmten pH-Wert keine Larven mehr aus den Eiern der Krebstiere schlüpfen.

Derweil sind die wärmeresistenten Konkurrenten des Krills – die Salpen – auf dem Vormarsch. Das sind kleine durchsichtige und frei schwimmende Planktontiere, die wärmeres Wasser ohne Eisbedeckung bevorzugen. In der Antarktis findet derzeit ein regelrechter Artenwandel statt, und das mit Folgen für den Kohlenstofftransport in die tieferen Regionen des Südozeans. Krill frisst an der Oberfläche des Meeres Algen, die durch Fotosynthese reich an Kohlenstoffdioxid sind. Der Krill filtert die nährenden Inhaltsstoffe für sich heraus und scheidet alles Übrige, auch den Kohlenstoff, in Form von winzigen Kotbällchen wieder aus. Diese sinken recht schnell im Wasser ab, ein Teil sogar bis in tausend Meter Tiefe, wo der Kohlenstoff für mindestens hundert Jahre gespeichert wird. Krill trägt so dazu bei, dass der Südozean zusätzliches Kohlenstoffdioxid aus der Atmosphäre aufnimmt. Auch die Salpen ernähren sich von Algen und spielen demnach ebenfalls eine wichtige Rolle im Kohlenstoffkreislauf im Südozean. In einer Studie fanden Biolog*innen des AWI aber heraus, dass die Kotbällchen der Salpen seltener so weit in die Tiefe absinken wie die des Krills, da sie beim Absinken häufiger von anderem Zooplankton gefressen oder aber zersetzt werden. Krill ist also deutlich effektiver, wenn es um die Einlagerung von Kohlenstoff im Südozean geht. Wenn die Salpen sich durchsetzen, werden die Gewässer entlang der antarktischen Halbinsel möglicherweise bald weniger Kohlenstoff in der Tiefe einlagern.

Auch ein so unscheinbares und uns fremdes Lebewesen wie der winzige Krill steht damit wiederum selbst am Anfang von potenziell umwälzenden Veränderungen. Weitere spannende Studien zeigen zum Beispiel, dass der Krill zumindest teilweise in der Lage ist, Mikroplastik zu verdauen. Wissenschaftler*innen konnten feststellen, dass der Krebs kleine Partikel mit der Nahrung aufnimmt und in noch kleinerer Form – im Mikrometerbereich – wieder ausscheidet.

Eines steht also fest: Wenn das kleine Beutetier des Blauwals nicht mehr überall anzutreffen ist, hat das Folgen, für das Ökosystem im Südozean und für den Kohlenstoffkreislauf – auch vermittelt über den Riesen in unseren Meeren –, der so sehr auf dieses kleine Tierchen angewiesen ist. Denn Blauwale sind effektive Klimaschützer. Sie sind gigantische Kohlenstoffspeicher. Forschende vermuten, dass ein einziger Wal dieselbe Auswirkung auf das Klima haben könnte wie tausend Bäume. Außerdem düngen auch sie mit ihrem eisen- und stickstoffhaltigen Kot das Meerwasser und sorgen damit für das Wachstum von Plankton und Algen. Der Kreislauf schließt sich: Die Nährstoffe werden wieder vom Krill aufgenommen, gelangen über die Wale und deren Ausscheidungen zum Phytoplankton und so wieder zum Krill.

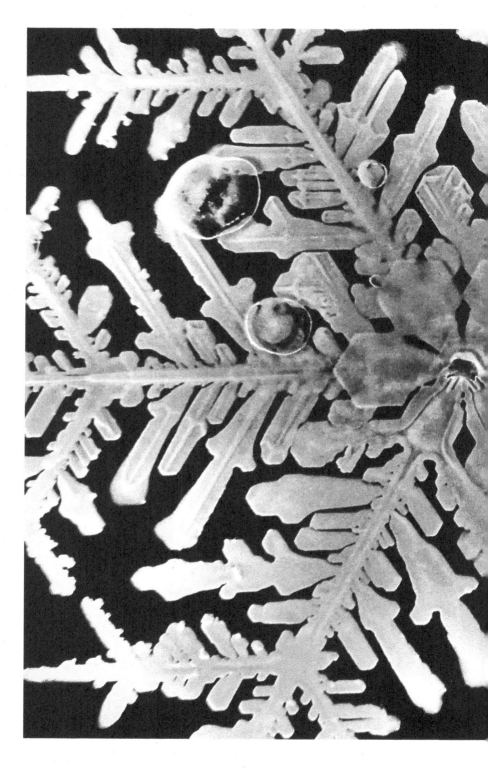

Generation Zukunft

Strahlend blauer Himmel, die Sonne scheint, und vor uns liegen die weißen, weiten Ebenen des ewigen Eises. Die riesigen Eisberge sind wie Skulpturen geformt und leuchten hier und da türkisblau in der Sonne. An solchen Tagen wirken die Farben und Formen der Antarktis manchmal fast unwirklich und so perfekt, als wäre man Teil einer gestochen scharfen und manipulierten Fotografie. Obwohl ich während vieler Expeditionen manchmal wochenlang nichts als Weiß und Blau in unterschiedlichen Nuancen gesehen habe, stimmt es doch nicht, wenn man annimmt, dies seien die einzigen Farben, in denen sich die Antarktis zeigt. Wenn sich eine Expedition im Südozean dem Ende zuneigt, kehrt die *Polarstern* nicht zum Ausgangshafen in Kapstadt zurück, sondern sie durchquert das Weddellmeer in Richtung Westen. Nach Wochen, in denen Weiß und Blau, Schnee, Eis und der Ozean die Szenerie dominierten, treten dann neue Farben hinzu: Braun und Grau in allen Schattierungen. Je näher wir der antarktischen Halbinsel kommen, desto häufiger weicht das Eis, und die dunklen Felsen darunter kommen zum Vorschein. Von dort aus ist es im Vergleich zur Anreise in die Antarktis nur noch ein Katzensprung bis zur Spitze Südamerikas.

Um die tausend Kilometer liegen zwischen den Südlichen Shetlandinseln und unserem Zielhafen in Punta Arenas. An dieser Stelle sind die beiden Kontinente nur getrennt von der Drake-Passage, einer Meerenge, in der es ob der geografischen Bedingungen ganz schön zur Sache geht. Die kalten Winde aus der Antarktis treffen hier auf die wärmere Luft aus dem Norden, sodass Stürme und Orkanböen keine Seltenheit sind. Noch dazu bilden die Spitze von Südamerika und die der Westantarktis an dieser Stelle einen Trichter, wodurch die Luftmassen noch beschleunigt werden. Die meterhohen Wellen in der Drake-Passage können den kreuzenden Schiffen zusetzen.

Da wir nicht gezwungen sein wollen, die Passage unter schlechtesten Wetterbedingungen zu queren, erreichen wir die antarktische Halbinsel meist mit einem Zeitpuffer, der es uns erlaubt, im Schutz der vorgelagerten Inseln abzuwettern. Von Bord aus können wir dann historische Spuren der Antarktisabenteurer sehen. Durch die frühen Explorationen wurden die Inseln berühmt – wie zum Beispiel King George Island. Entdeckt wurde diese Insel nordwestlich der antarktischen Halbinsel 1819 von einem Briten – daher auch der Name zu Ehren von König Georg III. – und war Ort der ersten Schiffslandung in der Antarktis. Heute finden sich auf der ganzen Insel internationale Forschungsstationen, mit denen wir von der *Polarstern* aus auf unserer Heimreise über Funk Grüße austauschen. Oder Paulet Island. Diese kleine unbewohnte Vulkaninsel erlangte im Februar 1903 Bekanntheit, als 25 Meilen vor der Insel die *Antarctic*, ein schwedisches Explorationsschiff, im Packeis zerdrückt wurde und sank. Die Mannschaft überlebte das Unglück und gelangte nach einem zweiwöchigen Fußmarsch über das Eis auf diese Insel. Zehn Monate harrten die Männer dort aus, bis sie evakuiert werden konnten. Die Hütte, die von der Mannschaft errichtet wurde, um den harschen Bedingungen zu trotzen, haben wir 2016 von Bord der *Polarstern* aus gesehen. Da kriegt man Gänsehaut!

Als ich als junge Wissenschaftlerin anfing, mich mit der

Antarktis und ihrer Entdeckung auseinanderzusetzen, ging mir aber besonders die Geschichte von Shackleton und seinen Männern unter die Haut: «Männer für gefährliche Reise gesucht. Geringer Lohn, bittere Kälte, lange Monate kompletter Dunkelheit, ständige Gefahr, sichere Rückkehr ungewiss. Ehre und Anerkennung im Erfolgsfall.» Mit dieser berühmten Anzeige soll der Polarforscher Sir Ernest Henry Shackleton nach seinen Expeditionsteilnehmern gesucht haben. Hätten Sie sich beworben?

Mehr als 5000 Männer haben es getan. Das Eis übte schon damals eine ungeheure Faszination auf uns Menschen aus! Anfang Dezember 1914 stachen schließlich 28 Männer von Grytviken in Südgeorgien mit Kurs Antarktis in See. Doch auch ihnen zeigte das antarktische Meereis ihre Grenzen auf. Mitte Januar 1915 kam ihr Schiff, die *Endurance*, vollends zum Stehen und sollte sich ab jenem Moment nie wieder aus eigener Kraft bewegen. Stattdessen gab die Drift des Eises den Kurs der kommenden Monate vor. Der ständige Eisdruck und das Knarzen und Knacken des Eises wurden tägliche akustische Begleiter von Shackleton und seinen Männern, bis sie das Schiff Ende Oktober 1915 schließlich verließen – wenige Tage, bevor es vollends von der Kraft der Natur zerstört wurde und in den über 3000 Meter tiefen Ozean sank.

Umso beeindruckter war ich, als ich das erste Mal mit eigenen Augen Elephant Island sehen durfte. Die Insel, auf die Ernest Shackleton 1916, nachdem die *Endurance* sank und ihr Camp auf dem Eis zerfiel, seine Männer brachte. Er selbst brach von hier mit einer kleinen Gruppe nach Südgeorgien auf, um Hilfe zu holen.

So sehr ich die Antarktis und ihre karge und raue Natur liebe, wenn ich an Elephant Island denke, mag ich mir gar nicht ausmalen, wie es sein muss, so lange in dieser lebensfeindlichen Umgebung auszuharren. Denn selbst mit den kärgeren Landschaften in Europa hat die eisfreie Region an der antarktischen Halbinsel nur wenig gemein. Der Boden ist steinig, extrem trocken, salzhaltig, und auf den ersten Blick wirkt er völlig unbewachsen. In ihrer Bodenstruktur ähneln diese eisfreien Stellen eher noch der Marsoberfläche, weshalb die NASA auf Elephant Island auch schon Sonden und Roboter testete.

Es ist erstaunlich, aber wie sich die Tierwelt der Antarktis an die besonderen Bedingungen vor Ort angepasst hat, so haben sich auch Überlebenskünstler aus dem Reich der Pflanzen hier niedergelassen und eine Vielzahl von Überlebensstrategien entwickelt. In der Antarktis wachsen sie nur sehr langsam und reduzieren ihren Energieverbrauch in den «schlechten» Zeiten – dem Dunkel der Polarnacht. Mehrere Jahrhunderte werden einige Arten auf diese Weise alt. Auch sie haben Frostschutzmittel in ihren Zellen und speziell angepasste Enzyme, die es ihnen ermöglichen, auch bei extrem schlechten Lichtverhältnissen Fotosynthese zu betreiben. Den größten Teil der antarktischen Vegetation stellen Moose, Flechten und Pilze, die mit der Kälte gut zurechtkommen und wenig Wasser, Nährstoffe und Licht brauchen. Meist wachsen sie auf dunklem, felsigem Untergrund, der das bisschen vorhandener Wärme aus dem Sonnenlicht an die Pflanzen abstrahlt. In den milderen Gebieten der westlichen antarktischen Halbinsel und auf den vorgelagerten Inseln finden sie noch bessere Bedingungen vor. Dort wachsen die einzigen beiden Blütenpflanzen des gesamten Kontinents: die Antarktische Schmiele – ein Gras – und die Antarktische Perlwurz – ein Nelkengewächs. Dass gerade hier einmal das Leben pulsierte und die Region in der Kreidezeit bewachsen war, war für mich lange kaum vorstellbar – und doch: Immer wenn ich dort vorbeikomme, sind an der Spitze der Westantarktis weitere Flächen eisfrei, ist die Antarktis ergrünt. Es ist erstaunlich, welche gravierenden Auswirkungen das Treibhausgas Kohlendioxid hat. Im Ablauf der vergangenen fünfzig Jahre ist die Temperatur im Winter an der Bellingshausen Station auf King George Island im Mittel um 1,8 °C angestiegen, und mit dem Anstieg verändert sich die Vegetation auf der Insel: Seit den Achtzigerjahren hat sich die Antarktische Schmiele immer weiter ausgebreitet. Besiedelte die Pflanze 1985 nur 9 Quadratmeter, waren es im Jahr 2000 schon 127 und weniger als zwanzig Jahre später schon 8542 Quadratmeter. Mit den sich zurückziehenden Gletschern, mit dadurch frei werdenden Besiedlungsflächen für Pflanzen, mit mehr Niederschlägen und unter dem Einfluss höherer Temperaturen ergrünt die Westantarktis, und immer, wenn ich hier bin, wird für mich augenfälliger, dass es dem weißen Antlitz der Antarktis ebenso wie dem seiner kleinen Schwester im Norden an den Kragen geht.

Meist halten wir uns an den Südlichen Shetlandinseln nicht lange auf und kreuzen nach Ablauf weniger Tage mit Kurs auf Chile durch die Drake-Passage, in der trotz allem Warten und Abwägen die See immer auch hoch geht, die starken Winde das Wasser aufpeitschen, die Wellen über dem Bug der *Polarstern* zusammenschlagen und die Macht der Natur spürbar wird. Meist merke ich in den letzten Jahren, dass mir das Herz am Ende dieser Expeditionen trotz aller Vorfreude auf die Heimat auch schwer wird. Ich lasse einen Kontinent hinter mir, der großen Veränderungen unterworfen ist, aber welcher Teil der Erde ist davon nicht betroffen? Die Menschheit bewegt sich in unbekanntem Fahrwasser, und wir sind mit großen Herausforderungen konfrontiert, die in den kommenden Jahren auch nicht kleiner werden. Und wir fahren weiter mit voller Kraft voraus und wissen dabei doch schon so lange, dass wir das Leben auf diesem Planeten aufs Spiel setzen.

Bereits im Jahr 1896 sagte der schwedische Physiker und Nobelpreisträger für Chemie Svante Arrhenius erstmals voraus, dass der Mensch den Kohlendioxidgehalt der Atmosphäre erhöhen und dies einen Temperaturanstieg mit sich bringen wird. Er hoffte damals noch auf ein weltweit gemäßigteres Klima und damit auf bessere Ernten. 1938 wies der englische Ingenieur und Hobby-Meteorologe Guy Stewart Callendar zum ersten Mal die globale Erwärmung nach. Er besorgte sich Temperaturmessdaten von 200 Messstationen aus der ganzen Welt, was damals ohne Internet einer Herkulesarbeit glich. Auf der Basis dieser Messdaten erkannte er, dass sich die Erde in den vorangegangenen fünfzig Jahren um 0,3 °C erwärmt hatte, und brachte diesen Temperaturanstieg mit dem menschengemachten Treibhauseffekt in Verbindung. Laut seinen Berechnungen erwartete er für das Jahr 2100 eine atmosphärische Kohlenstoffdioxidkonzentration von 396 ppm. Diesen Wert erreichten wir bereits im Jahr 2013!

Der deutsche Meteorologe Hermann Flohn warnte 1941 zum ersten Mal vor den Folgen: «Damit wird aber die Tätigkeit des Menschen zur Ursache einer erdumspannenden Klimaänderung, deren zukünftige Bedeutung niemand ahnen kann.» In der Folge kamen nun immer mehr Studien zu dem Schluss: Das Klima erwärmt sich, und die Ursache dafür ist das von uns Menschen ausgestoßene Kohlendioxid, das sich in der Erdatmosphäre anreichert. Mit der einsetzenden Nutzung von Computern wurden erste Klimamodelle berechnet, und die Sorge unter den Wissenschaftler*innen stieg. Im Februar 1979 fand daher der erste weltweite Klimagipfel statt. Damals eine rein wissenschaftliche Zusammenkunft. Wenn ich mir bewusst mache, dass dies zehn Jahre vor meiner Geburt passierte, bin ich fassungslos, wie wenig in all diesen Jahren passiert ist. Noch im selben Jahr begann die Meereisbeobachtung durch Satelliten aus dem All. Ab den 1980er-Jahren zeigten sich bereits in fast allen Regionen der Erde klare Anzeichen für die globale Erwärmung. In einer Studie von 1980 konnten Forscher*innen zeigen, dass sich die Erderwärmung besonders in den Polarregionen bemerkbar machen wird. Sie verwendeten dafür den Begriff der «Polaren Verstärkung», da hier verschiedene Rückkopplungsmechanismen – vor allem der Albedo-Effekt – greifen. Das bestätigten auch die Messungen vor Ort. Vor allem in der Arktis erwärmten sich die Lufttemperaturen mindestens doppelt so schnell wie im globalen Durchschnitt. Der grönländische Eisschild begann zu schmelzen, die mit Meereis bedeckte Fläche wurde langsam kleiner, und der Permafrostboden begann zu tauen. Auch das antarktische Eis geht seit den 1980er-Jahren in einigen Regionen deutlich zurück. Mitte der 1980er-Jahre war das Thema Klimawandel dann auch in den Medien und damit im Bewusstsein der Gesellschaft angekommen. Der Spiegel zeigte unter dem Titel «Die Klimakatastrophe» einen im Meer versinkenden Kölner Dom auf dem Cover. Der Weltklimarat IPCC wurde in meinem Geburtsjahr 1988 gegründet und hatte zum Ziel, die Politik durch den regelmäßig erscheinenden Weltklimabericht zum Handeln zu bewegen. Heute sind die Weltklimaberichte ein zentraler Bestandteil der internationalen Klimaverhandlungen.

1992 beschlossen die Vereinten Nationen die Klimarahmenkonvention, ein internationales multilaterales Klimaschutzabkommen mit dem Ziel, anthropogene Störungen des Klimasystems zu verhindern, 1997 verpflichteten sich die Industrienationen im Kyoto-Protokoll zur Senkung der

Treibhausgasemissionen. Die USA haben das Kyoto-Protokoll bis heute nicht ratifiziert. Und es sollte noch achtzehn Jahre dauern, bis in Paris 2015 sich nun fast alle Staaten der Erde nationale Klimaschutzziele setzten. Das Ziel des Paris-Protokolls: die durch Treibhausgase verursachte Erderwärmung auf deutlich unter 2 °C im Vergleich zur vorindustriellen Zeit zu begrenzen. Angestrebt wird ein 1,5-Grad-Ziel. Dieses Ziel des Pariser Abkommens ist bis heute unsere Forschungs- und Handlungsgrundlage.

Seit mehr als vierzig Jahren sind die Fakten also bekannt: Der Klimawandel ist menschengemacht, und eine weitere Erwärmung kann nur von uns Menschen aufgehalten werden. Selbst in dem Film *The Day After Tomorrow* von 2004 ist die Botschaft der Anfangsszene auf der UN-Klimakonferenz dieselbe, wie beim realen Klimagipfel in Glasgow 2021: Wir müssen etwas tun – und zwar jetzt!

Allen Warnungen der Wissenschaft zum Trotz ist dennoch über Jahrzehnte nicht viel passiert. Die Konzentration der Treibhausgase in der Atmosphäre steigt immer weiter. Selbst der Rückgang der globalen fossilen Kohlendioxid-Emissionen in den Corona-Jahren konnte den Anstieg der Kohlenstoff-Konzentration in der Atmosphäre nicht aufhalten. Ich sagte es ja schon: Die Konzentration lag 2020 bei 413 ppm und damit bei 149 Prozent des vorindustriellen Niveaus. 2021 war das siebte Jahr in Folge, in dem die globale Temperatur mehr als 1 °C über dem vorindustriellen Niveau lag.

Solange wir den Kohlendioxidausstoß nicht stoppen, wird die globale Temperatur weiter ansteigen. Wir werden mit Wetterextremen wie Hitze oder Starkregen leben müssen. Das Eis der Polarregionen wird schmelzen, der Meeresspiegel ansteigen, die Versauerung der Ozeane voranschreiten, das Ökosystem, also die Biodiversität, wird rasant schrumpfen.

Ganze Regionen werden durch Überflutungen oder Dürren unbewohnbar werden, und die Zahl der hungernden Menschen, Hitzetoten und der Klimaflüchtlinge wird drastisch steigen. Dabei trifft der Klimawandel die Ärmsten besonders hart, während wir – die Hauptverursacher – uns vor vielen der Folgen schützen können – noch.

Wenn wir uns nach der Querung der Drake-Passage langsam Punta Arenas nähern, kehren mit jeder Seemeile die Farben zurück: Die Küstenlinie vor uns schimmert in Grün und Braun. Kleine bunte Segelboote kommen uns entgegen. Wir sind ganz augenscheinlich nach über zwei Monaten nicht mehr allein, sondern zurück in der Zivilisation.

In Punta Arenas grüßen uns die Häuser in allen Farben des Regenbogens: Es ist ein wahrer Augenschmaus. Das Leben kehrt zurück, und ich fühle mich wie hineingeworfen in eine überbordende Fülle: die Geräusche auf den Straßen, das Stimmengewirr der Menschen, die in den Cafés Gespräche über das führen, was sie erlebt haben, was sie bewegt und durch den Tag trägt, Handys klingeln und fiepen, Autos hupen und selbst in der Stille dazwischen ist noch Platz für Vogelgezwitscher, ist das Rauschen der Blätter im Wind zu hören. Ein wenig erscheint es mir bei jeder Rückkehr in die Zivilisation auch so, als kehrte ich von einem fernen Planeten zurück. Wie eine Astronautin komme ich mir vor, die den Blick von der Mondoberfläche abwendet, sich umdreht und auf das blickt, was uns gegeben ist: dieser wunderbare, farbenfrohe, lebendige Planet, den wir Menschen unsere Heimat nennen dürfen.

Zurück in Bremerhaven, beginnt mit der Auswertung der gesammelten Daten der nächste Teil der Expedition. Alle Schnee- und Eisdickendaten, meine Beschreibungen der Schneekristallstrukturen, die Bilder aus dem Eislabor; all das möchte ausgewertet werden, und ich vergleiche es mit den Daten aus vorherigen Expeditionen. Wieder bin ich nicht allein. Genau wie an Bord arbeite ich als Teil einer großen interdisziplinären und internationalen Forschungsgemeinschaft. Auf fachspezifischen Konferenzen treffen wir uns regelmäßig und diskutieren über das, was jeder von uns in seinen Datensätzen sieht, suchen Antworten und entwickeln neue Forschungsfragen. Als Polarforscherin erlebe ich nicht nur in Arktis und Antarktis, sondern auch bei diesen Anlässen immer wieder, dass es in der internationalen Forschung nur wenige Grenzen gibt und keine, die nicht zu überwinden wären. Die Ergebnisse unseres Austauschs münden in wissenschaftlichen Publikationen, die dazu beitragen, dass wir als Menschheit diesen Planeten in Zukunft besser schützen können. Und auch wenn diese Schritte für den Wissenszuwachs in unserem Fachgebiet und darüber hinaus so essenziell sind, ist mir schon lange klar, dass es für mich nicht mehr ausreicht, zu messen, zu analysieren und den Konsens der Wissenschaft zu publizieren.

Denn es sind nicht die Konferenzsäle, sondern die Schulen dieser Welt, in denen etwas angefangen hat. Seit Greta Thunberg am 20. August 2018 im Alter von fünfzehn Jahren zum ersten Mal nicht mehr zur Schule ging und sich stattdessen alleine vor das Parlament in Stockholm setzte, in der Hand ein Schild mit der Aufschrift «Skolstrejk för klimatet» – Schulstreik fürs Klima – und für mehr Klimaschutz demonstrierte, ist etwas in Bewegung geraten. Weltweit gehen Schüler*innen jeden Freitag auf die Straße, um unter dem Hashtag *Fridays for Future* für die Einhaltung des Pariser Klimaabkommens zu protestieren. Eine ganze Generation war und ist bereit, jeden Freitag alles ruhen zu lassen, was ihren Alltag bestimmt, an diesem Tag bewusst auf Bildung zu verzichten und zu fordern, dass der Klimawandel endlich ernst genommen wird, dass auf all das Reden endlich auch Taten folgen. Was wäre, wenn wir alle diese persönliche Entscheidung treffen würden? Wenn wir nur einen Tag in der Woche alle gemeinsam auf Stopp drücken würden, das Auto stehen ließen, nicht zur Arbeit gingen, nicht mehr einkauften, unsere üblichen alltäglichen Pfade verließen und wie so viele junge Menschen anerkennen würden, dass, wenn wir weitermachen wie bisher, wir gerade das auf Spiel setzen: unser alltägliches Leben auf diesem Planeten – in seiner Einfachheit, in seiner Komplexität – unserer aller Zukunft.

Also nehme auch ich immer wieder die Möglichkeit wahr, über das zu reden, was ich durch Beobachtungen herausfinde. Durch unsere Forschung und unseren Wissensstand können wir deutschen Polarforscher*innen zum globalen Kampf gegen den Klimawandel beitragen. Viele der Studien und der technischen Innovationen, nachhaltiger zu leben, kommen aus unserem Land und sind Voraussetzungen, um den Klimawandel besser beurteilen zu können und geeignete Maßnahmen zu ergreifen, um ihn zu verlangsamen. Wir haben die Aufgabe, sowohl die Auswirkungen desselben als auch die Möglichkeiten für Veränderungen sichtbar zu machen.

Und genau das ist auch mein persönlicher Beitrag im Kampf gegen den Klimawandel. Ich möchte zeigen, wie wichtig Arktis und Antarktis im globalen Klimasystem sind, und dass es essenziell ist, diese Regionen zu schützen. Deshalb verlasse ich immer häufiger mein Büro und engagiere mich in der Öffentlichkeit, spreche mit Journalist*innen, im Fernsehen, mit Politiker*innen, auf der Bundespressekonferenz, berichte von den Veränderungen, deren Zeugin ich werde, aber auch von der Schönheit des Lebensraums, den wir zu verlieren drohen. Wenn ich die Menschen mitnehmen kann, wenn sie eine Verbindung zu den Polarregionen aufbauen, dann ist schon eine Menge gewonnen.

In diesem Sinne bin ich sehr dankbar für meine anschauliche Wissenschaft, die es mir ermöglicht, Menschen jeden Alters und aller Gesellschaftsschichten für die Polarregionen zu sensibilisieren und Einblicke in eine Welt zu geben, die nur wenigen von uns zugänglich ist. Eine Welt, die aber gleichzeitig so zerbrechlich und so unglaublich wichtig für jeden Einzelnen für uns ist.

So entstand zum Beispiel für die Expedition in die Antarktis im Februar 2018 die Idee, Patenschaften für meine autonomen Messsysteme auf dem antarktischen Meereis anzubieten. Autonome Geräte, oder kurz Bojen, sind Messinstrumente, die wir auf, im oder unter dem Meereis installieren, die mit dem Meereis mitdriften und auf ihrem Weg Eigenschaften wie Meereis- und Schneedicke messen. Die Daten werden dann per Satellitenverbindung regelmäßig nach Hause gesendet, wo ich mir im warmen Büro anschauen kann, wie es um das Meereis der Polarregionen bestellt ist.

Für mein Bojenpaten-Projekt habe ich Kinder und Jugendliche gebeten, Bilder zu malen, die mit den Bojen im eisbedeckten Ozean auf die Reise gehen sollten. Die Idee wurde begeistert aufgenommen, und über sechzig Bilder von 3- bis 16-jährigen Malbegeisterten aus Hamburg bis München gingen in meinem Büro in Bremerhaven ein – mal als Einzelkunstwerke oder Gruppen-Collagen. Da die Kids natürlich auch ein bisschen Expeditions- und Polarluft schnuppern sollten, sendete ich ihnen aus meinem «Schollenpostamt» regelmäßige Nachrichten über den Stand der Vorbereitungen, sodass alle verfolgen konnten, wann ihre Bilder in den Expeditionskisten verstaut wurden und sich in Richtung Antarktis aufmachten. Auch an Bord der *Polarstern* riss die Berichterstattung nicht ab: Von der Vorbereitung der Bojen bis raus auf das Eis – immer waren die Kinder live dabei. Ein «Beweisfoto» gab es auch: das gemalte Bild zusammen mit der Boje in der weißen Eiswüste der Antarktis. Das Bild wurde an der Boje befestigt, und die Reise konnte beginnen.

Es war faszinierend, welche Begeisterung und welchen Forscherdrang die E-Mails von Bord bei den Kindern zu Hause in Deutschland auslösten. Alle Kinder erhielten eine Urkunde für ihre Bojen-Patenschaft und zum Ende des Projekts die detaillierte Geschichte über den Lebenszyklus und die Reiseroute ihrer persönlichen Boje. Jeder dieser Berichte aus meinem «Schollenpostamt» in Bremerhaven begann mit der ersten von der Boje gemessenen Temperatur, zeichnete den Verlauf ihrer Reise nach, wie viele Kilometer sie dabei zurückgelegt, welche Stürme und Schneefall-Ereignisse sie erlebt hatte, wann die Boje aufgehört hatte zu senden, etwa weil ihre Heimatscholle zerbrochen war und sie im Wasser versunken oder weil sie durch Eispressungen beschädigt worden war. Die letzte Boje des Projekts hat tatsächlich erst Ende 2019 aufgehört, Daten zu senden: Freude auf allen Seiten! Ich habe mich über die lange wissenschaftliche Zeitreihe gefreut und die Kinder darüber, dass ihre Bilder in der Boje umgerechnet eine Strecke von Berlin bis zum Nordpol und zurück gereist waren.

Während der Drift der Bojen haben mir die Kindergärten, Schulen und Familien berichtet, wie es zu ihrem Ritual wurde, mindestens einmal pro Woche online nachzuschauen, wo ihre Bojen und Bilder gerade unterwegs waren. Wenn ich so etwas lese, bin ich überglücklich. Viele der Kids schreiben mir bis heute und erkundigen sich nach meinem Leben im Eis und den Vorgängen in Arktis und Antarktis, und das macht mir Hoffnung, denn jede*r von uns ist jetzt gefragt.

In öffentlichen Vorträgen höre ich immer wieder die Frage, was jede*r Einzelne tun könne. Ob man überhaupt noch etwas tun könne, wenn alles schon so schlimm sei? Eine Schülerin der 8. Klasse fragte ganz explizit, was sie tun könne, damit die Eisbären ihr Zuhause nicht verlieren. Ich kann darauf nur antworten, dass die Eisbären eine Chance haben, wenn wir ihren Lebensraum erhalten: Denn wenn das arktische Meereis verschwindet, dann ist es unwahrscheinlich, dass die Eisbären überleben. Für die Zukunft unserer Erde nehmen die Polarregionen eine wichtige Rolle ein, denn hier liegen einige der Kipppunkte im Klimasystem, die - einmal überschritten - nicht wieder rückgängig zu machen sind. Das Abschmelzen des Meereises und der Eisschilde, das Auftauen der Permafrostböden, das Versiegen von Meeresströmungen wie dem Golfstrom oder der Zusammenbruch des Jetstreams - all das hätte katastrophale Auswirkungen auf das Klima unseres Planeten und damit auf unser Leben auf der Erde.

Es geht also längst nicht mehr nur um die Eisbären, es geht um das Vogelzwitschern, das Sie morgens beim Aufwachen hören, es geht um das Wasser, das aus dem Hahn fließt, wenn Sie sich die Zähne putzen, es geht selbst um das Brötchen, in das Sie beim Frühstück beißen, und die vielen Dinge in unserem Alltag, die so selbstverständlich erscheinen, es aber nicht sind. Die Kinder haben das längst verstanden, und sie handeln danach. Wenn wir alle uns bewusst machen würden, dass wir nur deshalb auf unserem Planeten leben können, weil ein lebensfreundliches Klima uns das bisher ermöglicht hat, würden wir vielleicht auch alles daransetzen, dass es so bleibt. Das wird nicht leicht werden und in vielen Lebensbereichen ein grundlegendes Umdenken erfordern, denn unser Alltag ist es ja, der all das verursacht.

Und wenn wir doch wissen, dass der Hauptgrund für die

Erderwärmung die Treibhausgasemissionen sind – allen voran der Ausstoß von Kohlendioxid –, dann muss es uns doch gelingen, diesen drastisch zu reduzieren, um den Klimawandel zu bremsen. Auch das ist eine der Kernaussagen des letzten Klimaberichts des Weltklimarates. Mein Kollege Dirk Notz hat nicht nur an ebendiesem Bericht mitgeschrieben, sondern auch in einer Studie berechnet: Eine Tonne Kohlendioxid mehr in der Atmosphäre führt zum Abschmelzen von drei Quadratmetern arktischem Meereis. In Deutschland verursacht jede*r von uns momentan im Durchschnitt 7,8 Tonnen Kohlendioxid pro Jahr. Rein rechnerisch ist damit jede*r Deutsche für das Abschmelzen von 23,4 Quadratmeter Meereis verantwortlich. Die Größe eines Wohnzimmers, in dem wir heute noch so gemütlich sitzen können! Im ersten Moment mag das nach nicht viel klingen, doch wir sind 83 Millionen Menschen. 1942 200 000 Quadratmeter Meereis – 272 000 Fußballfelder – verschwinden alleine aufgrund des deutschen Kohlendioxidausstoßes pro Jahr. Und Deutschland verursacht dabei nur ungefähr zwei Prozent der globalen Kohlendioxid-Emissionen.

Eine Studie des Umweltbundesamtes aus dem Jahr 2013 errechnete, dass es auch in einem Industrieland wie Deutschland technisch möglich ist, seine Treibhausgasemissionen um 95 Prozent gegenüber dem Jahr 1990 zu reduzieren. Es braucht eine grundlegende Umgestaltung in der Energiegewinnung, dem Verkehr, der Landwirtschaft, aber auch im Konsumverhalten von jeder und jedem Einzelnen.

Wenn ich in meiner Wohnung stehe und mich umschaue, wird mir bewusst, dass eigentlich kein Gegenstand – ob in der Herstellung oder in der Nutzung – wirklich klimaneutral ist. Die wichtigsten Stellschrauben liegen aber im Verkehr, im Bereich Wohnen durch Heizung und Stromverbrauch und in unserer Ernährung. Wir wissen mittlerweile alle, dass es besser ist, mit der Bahn zu reisen, als zu fliegen, oder dass unser immenser Fleischkonsum eine sehr schlechte Klimabilanz hat. Aber wussten Sie, dass ein Kilo Rindfleisch etwa 12,3 Kilo Kohlendioxid freisetzt? Für jedes neue T-Shirt, das wir uns kaufen, fallen etwa vier Kilo an Treibhausgasen an. Und eine Google-Suchanfrage verursacht etwa 0,2 Gramm Kohlendioxid-Ausstoß. Wir schreiben in Deutschland rund eine Milliarde E-Mails pro Tag, und dabei fallen tausend Tonnen Kohlenstoffdioxid an. Umgerechnet auf die Meereisfläche sprechen wir von 3000 Quadratmetern abschmelzendem Eis. Alleine in Deutschland sorgt die Internetnutzung für mehr Kohlendioxidverbrauch als der gesamte Flugverkehr. Es ist natürlich nicht die Lösung, dass wir unsere Kommunikation wieder auf Briefe reduzieren – denn auch die müssen transportiert werden. Vielmehr ist es wichtig zu verstehen, dass es sehr viele Stellschrauben in unserem Alltag gibt, um aktiv etwas gegen den Klimawandel zu tun – und an denen kann jede*r Einzelne von uns drehen. Und es gibt diese Stellschrauben natürlich auch im Großen – in der Industrie und Land- und Forstwirtschaft.

Es ist nicht unmöglich. Und auch wenn global betrachtet der deutsche Beitrag an den gesamten Kohlendioxidemissionen noch gering ist, ist es wichtig, dass wir als Vorbild vorangehen. Zu glauben, Deutschlands Anteil sei zu klein, um einen weltweiten Wandel zu bewirken, ist zu kurz gedacht. Es gibt 195 Länder auf unserer Erde. Würden alle 187 Länder, deren Anteil am Kohlendioxid-Ausstoß geringer ist als unserer in Deutschland, so argumentieren, bliebe die Hälfte der globalen Emissionen unverändert. Außerdem wird es teuer werden, wenn wir den Kopf in den Sand stecken und nichts tun. Dann drohen in unserem Land Hitzeperioden, Dürren, Waldbrände und Überschwemmungen, die zu deutlichen finanziellen Einbußen führen werden. Studien prognostizieren, dass Deutschland, wenn wir nicht rasch handeln, bis zum Jahr 2050 fast zwei Prozent seiner Wirtschaftsleistung verlieren wird. Allein für das verheerende Hochwasser Mitte Juli 2021 belaufen sich die Kosten im hohen zweistelligen Milliardenbereich. Weltweit könnte die Wirtschaftsleistung durch den Klimawandel bis Ende des Jahrhunderts um 37 Prozent sinken. Als große Industrienation haben wir seit der Industrialisierung deutlich zur Erderwärmung beigetragen. Wir Menschen in den reichen Länder tragen die Verantwortung und können uns dieser nicht durch «Business as usual» entziehen – es ist an der Zeit zu handeln, aktiv zu werden für das Klima – jede*r Einzelne und wir alle zusammen als Weltgemeinschaft.

2019 habe ich das erste Mal einen Vortrag von Alexander Gerst am Institut in Bremerhaven gehört, und einer seiner eindrücklichsten Sätze war die Feststellung: «Aus dem Weltall siehst du keine Grenzen.» Das unterscheidet die echte Erdkugel vom Globus meines Bruders. Aus der Distanz betrachtet, gibt es nur Land und Meer, das zusammen eine weltumspannende Einheit bildet. Ich habe nach dem Vortrag lange über den Satz nachgedacht. Es gibt nur ganz wenige Orte, an denen unsere nationale Herkunft keine Rolle spielt, sondern ein grenzüberschreitendes Zusammengehörigkeitsgefühl besteht: im Weltall und in der Polarforschung. Ich bin dankbar, mich in diesem Gemeinschaftsgefühl tagtäglich bewegen zu dürfen – und wünsche mir, dass dieses globale Gefühl bei uns allen verfängt. Denn nur wenn wir den Klimawandel als ein globales Problem erkennen, können wir aktiv und vor allem gemeinsam etwas dagegen unternehmen. Und wenngleich wie ich jeder Einzelne nur ein kleiner Punkt auf diesem riesigen Globus ist, so ist doch jeder Einzelne Teil dieses lebenden Organismus, beeinflusst ihn und wird von ihm beeinflusst. Wie wird also der Globus der Zukunft aussehen? Wird die Farbe Weiß, wenn unsere Enkel und Urenkel ihn in Drehung versetzen, noch die Pole beherrschen? Wir sind die letzte Generation, die es noch in der Hand hat.

Dank

Während ich diese letzten Zeilen schreibe, bin ich wieder an Bord eines Schiffes. Einmal mehr hat es mich hinausgezogen. Vor ein paar Tagen haben wir die Leinen in Kapstadt losgemacht und fahren seither mit Kurs Südwest Richtung Antarktis. Heute Morgen dann das Bild, das mich auf jeder Expedition aufs Neue fasziniert. Egal wohin ich schaue: nichts als Wasser. Wir haben uns langsam eingeschaukelt. Ich schätze die Wellenhöhe auf ein bis zwei Meter. Am Dienstag erwartet uns ein starker Sturm, der Wellen bis acht Meter Höhe mit sich bringen soll. Bis zur Meereiskante wird es wohl mindestens noch eine Woche dauern. Bis dahin bleibt die vorherrschende Farbe Blau.

Als ich im Sommer 2021 begonnen habe, dieses Buch zu schreiben, war ich mir nicht sicher, ob ich jemals wieder den südlichen Polarkreis überschreiten würde. In der Forschung ist vieles ungewiss, vor allem für Jungwissenschaftler*innen, und es erfordert viel Zeit, Geduld und das Verfassen vieler Anträge, um die Finanzierung und Logistik für größere Projekte zu verwirklichen. Doch in dem Moment, in dem ich am Horizont nach dem tagelangen Blau des Meeres den ersten Eisberg entdecke, ist das alles vergessen. Ich bin wieder auf dem Weg zu einem der letzten Orte dieser Erde, die die Zivilisation noch nicht gänzlich für sich eingenommen hat.

Unterwegs in das nordwestliche Weddellmeer wird es erneut meine Aufgabe sein, Einblicke in das antarktische Meereis und seine Schneeauflage zu gewinnen. Anfang 2019 war ich mit der *Polarstern* in einer ganz ähnlichen Region unterwegs. Die Ergebnisse damals zeigten, dass sich, obwohl sich das Meereis in jenem Jahr stärker zurückgezogen hatte als in den vorherigen Jahren, diese Veränderung nicht im Schnee widerspiegelte. Der Rückgang der Meereisfläche ließ sich auf Veränderungen im Ozean zurückführen – wie zum Beispiel auf veränderte Strömungen. Auch in der Antarktis werden die Zeichen immer deutlicher, wie ich in diesem Buch anhand vieler Beispiele gezeigt habe. Genau deshalb stellt sich mir auch auf dieser Expedition die Frage: Wenn ich dort ankomme, wird sich der Schnee auf dem Meereis der Antarktis verändert haben? Wie weiß wird das Weiß noch sein? Ich bin gespannt, was ich beobachten werde, und ich bemerke, dass mir ein zufriedenes Lächeln auf den Lippen liegt, während ich daran denke, dass ich mich schon bald wieder in antarktischer Stille den Schneekristallen widmen kann.

Dennoch liegt der Fokus dieser Expedition nicht auf der Erforschung des Meereises und des Schnees, sondern vielmehr auf dem, was in mehreren Tausend Metern darunter liegt. An Bord der *S. A. Agulhas II*, einem südafrikanischen Forschungseisbrecher, sind diesmal überwiegend Unterwasserarchäolog*innen auf den Spuren der Geschichte der Polarforschung in Richtung Antarktis unterwegs. Sie sind auf der Suche nach der *Endurance*. Irgendwo auf dem Grund des Weddellmeeres liegt das Wrack des legendären Schiffs, das Ernest Shackleton im Jahr 1915 bei seiner berühmten Antarktis-Expedition im Eis zurücklassen musste. Aus den Tagebüchern Shackletons haben wir eine ungefähre Vorstellung davon, wo und wie das Schiff gesunken ist, nachdem sich die Mannschaft zu Fuß über das Eis aufgemacht hatte, um zu überleben. Trotzdem sind viele Fragen offen: Ist es im Ganzen gesunken? Oder hat das Eis die *Endurance* in mehrere Teile zerdrückt? Bisher ist noch nicht einmal geklärt, wo genau das verschollene Wrack liegt. All diese Fragen möchte das Team an Bord beantworten, das Wrack in 3000 Meter Tiefe mit Tauchrobotern aufspüren und erforschen. Wenn wir die *Endurance* wirklich finden, wird es sicher ein bewegender Moment sein. Geschichtsforschung mitten im Meereis.

Ich bin unfassbar dankbar, immer wieder an diese besonderen Orte der Erde zurückzukehren, auf jeder Expedition so viel Neues über die Antarktis lernen zu dürfen – und das weit über meinen eigenen fachlichen Horizont hinaus. An Bord arbeiten wir Schulter an Schulter und blicken dabei auch über die der anderen, um unseren eigenen Horizont zu erweitern. Nur auf dieser Basis konnte dieses Buch entstehen. Ich habe zwar den Schnee zu meinem Forschungsschwerpunkt gemacht, aber nur dank Thomas Hoffmann weiß ich auch, wie man die kleinen Flocken für immer konservieren kann. Ich bin auch keine Expertin für Kaiserpinguine, habe aber auf gemeinsamen Expeditionen von meinem Kollegen Daniel Zitterbart viel über die Symboltiere des Südens gelernt. Während meiner Zeit an der Neumayer-Station III habe ich eine Menge über die Landeismassen unserer Erde erfahren, aber natürlich fehlt mir hier das Detailwissen, mit dem mir meine Kollegin Maria Hörhold aushalf. Die Dauerfrostböden Sibiriens sind eine Region, die ich noch nie besucht habe, die aber ein wichtiger Teil der Kryosphäre unseres Planeten sind, weswegen meine Kollegin Josefine Lenz dazu beigetragen hat, dass ich in diesem Buch aus meiner eigenen Komfortzone hinaustreten konnte. Und, ja: Ich nenne die *Polarstern* und auch die Neumayer-Station III immer wieder mein Zuhause und kann nicht genug bekommen von diesen Orten, die mich prägen – aber dennoch bin ich keine Expertin für Polarschiffe und -stationen. Ein großer Dank geht daher an Kapitän Stefan Schwarze, Felix Lauber und Stefanie Bähler, die mir zwischen einigem Seemannsgarn alle Fragen mit viel Geduld beantwortet haben. Und genau das ist es, was meine Arbeit ausmacht: voneinander lernen und gemeinsam noch mehr Wissen schaffen. In diesem Sinne gilt mein letzter Dank zweifelsohne meiner wunderbaren Co-Autorin Andy Hartard und meiner Lektorin Antje Röttgers. Während ich die beiden mit meiner Begeisterung für die Polarregionen anstecken konnte, habe ich eine Menge über die Entstehung eines Buches gelernt.

Noch einmal gehe ich an Deck und atme die kalte Luft ein. Man kann das Eis schon «riechen». Wie ein Kind freue ich mich darauf, meine zweite Heimat wiederzusehen. Auf das laute Knirschen, wenn der Bug des Schiffes die Meereisdecke aufbricht, auf den Schnee, der im vergangenen Winter auf die Schollen gefallen ist, auf die Pinguine, die meine Arbeit begutachten werden. Und ein bisschen selbst auch auf die trockene Kälte, wenn mein Atem am Schal gefriert und meine Finger anfangen zu kribbeln, während ich mich gedanklich schon auf die warme Tasse Tee an Bord freue. In meiner Vorstellung befinde ich mich auf dem Globus meines Bruders, und wir sind ein kleiner Punkt, der sich im endlosen Blau auf das weiße Feld ganz unten an der Aufhängung zubewegt.

Nachtrag

05. März 2022 auf der *S. A. Agulhas*. Um 16:05 Uhr Bordzeit finden wir das legendäre Schiffswrack der *Endurance*. Das Schiff steht dort unten, wie gerade eben erst abgestellt. Der Schriftzug *Endurance* ist ganz klar lesbar. Da ist das Steuerrad. Auf dem Deck liegen Schuhe. Am Abend sagt Mensun Bound einen Satz, den ich wohl nie wieder vergessen werde: «Shackleton war hier. Wir können seinen Atem in unserem Nacken spüren» – ein Moment, der bleibt.

Auf dem Rückweg nach Kapstadt machen wir halt auf Südgeorgien. Ich habe von Shackletons Expedition gelesen, davon, wie sein Schiff sank, wie die Männer ausharrten und Shackleton hierherkam, um Hilfe zu holen. Und jetzt stehe ich an seinem Grab, und wir präsentieren ihm sein verlorenes Schiff. Da ist nur noch ein Wort: Dankbarkeit.

Quellen

Sofern nicht anders aufgeführt, wurden alle Quellen zuletzt abgerufen am 20. Mai 2022.

Faszination Eis

4000 Kilometer liegen ... Time and Date AS: Entfernungs-Wegweiser: Städte und Orte um Neumayer-Station III, abrufbar unter: https://www.timeanddate.de/stadt/naehe?n=4885

Wie schon die ersten Forscher ... von Drygalski, Erich (1898): Die Ergebnisse der Südpolarforschung und die Aufgaben der deutschen Südpolar-Expedition. Berlin: Reimer-Verlag.

Als Meereisphysikerin kann ich ... Arndt, Stefanie et al. (2020): Seasonal and interannual variability of landfast sea ice in Atka Bay, Weddell Sea, Antarctica, abrufbar unter: https://tc.copernicus.org/articles/14/2775/2020/

TEIL I – EINE DÜNNE HÜLLE

Heute –42 °C in der Arktis

Schon sehr lange erforschen ... Lüdecke, Prof. Dr. C.: Die Geschichte der Antarktisforschung, abrufbar unter: https://www.wissenschaftsjahr.de/2016-17/aktuelles/das-sagen-die-experten/die-geschichte-der-antarktisforschung.html

«Forschungswarten statt ... Zitiert nach Tiggesbäumker, G. (1981): Mitteilungen, Carl Weyprecht 1838–1881, abrufbar unter: https://epic.awi.de/id/eprint/28138/1/Polarforsch1981_2_10.pdf

Bei einer Auswertung der ... Scambos, T.A. et al. (2018): Ultralow Surface Temperatures in East Antarctica From Satellite Thermal Infrared Mapping: The Coldest Places on Earth. Geophysical Research Letters, abrufbar unter: https://agupubs.onlinelibrary.wiley.com/doi/full/10.1029/2018GL078133

Dabei interessieren wir uns ... Strass, Volker H. et al. (2020): Multidecadal Warming and Density Loss in the Deep Weddell Sea, Antarctica. Journal of Climate, Volume 33: Issue 22, abrufbar unter: https://journals.ametsoc.org/view/journals/clim/33/22/jcliD200271.xml

Ein Regenwald am Südpol

Im Frühjahr 2017 ... Klages, J.P. et al. (2020): Temperate rainforests near the South Pole during peak Cretaceous warmth. Nature 580, 81-86, abrufbar unter: https://www.nature.com/articles/s41586-020-2148-5

Die mittlere Kreidezeit ... Müller, R.D. et al. (2008): Long-Term Sea-Level Fluctuations Driven by Ocean Basin Dynamics. Science, Vol. 319, NO. 5868, abrufbar unter: https://www.science.org/doi/10.1126/science.1151540

Ein mildes Klima ... Douglas, P.M.J. et al. (2014): Pronounced zonal heterogeneity in Eocene southern high-latitude sea surface temperatures. 111 (18) 6582-6587 https://www.pnas.org/doi/full/10.1073/pnas.1321441111

Eine neue Studie, die von einem Kollegen ... Köhler, P. et al. (2020): Interglacials of the Quaternary defined by northern hemispheric land ice distribution outside of Greenland. Nat Commun 11, 5124, abrufbar unter: https://www.nature.com/articles/s41467-020-18897-5

Die bisher ältesten Eiskerne ... Lüthi, D. et al. (2008): High-resolution carbon dioxide concentration record 650,000-800,000 years before present. Nature 453, 379-382, abrufbar unter: https://www.nature.com/articles/nature06949

Und so hat im November 2021 das Nachfolgeprojekt ... Alfred-Wegener-Institut (2016): Beyondepica, abrufbar unter: https://www.beyondepica.eu/en/

Am Ende der letzten Eiszeit ... Dowdeswell, J.A. et al. (2020): Delicate seafloor landforms reveal past Antarctic grounding-line retreat of kilometres per year. Science, Vol. 368, Issue 6494, pp. 1020-1024, abrufbar unter: https://www.science.org/doi/10.1126/science.aaz3059

Haben Klimawandelskeptiker also recht ... J. Abram, N. et al. (2016): Early onset of industrial-era warming across the oceans and continents. Nature 536, 411–418, abrufbar unter: https://www.nature.com/articles/nature19082#t

Der anthropogene Klimawandel seit Beginn ... Umweltbundesamt (2021): Beobachtete und künftig zu erwartende globale Klimaänderungen. Ergebnisse der Klimaforschung, abrufbar unter: https://www.umweltbundesamt.de/daten/klima/beobachtete-kuenftig-zu-erwartende-globale#-ergebnisse-der-klimaforschung-

Während die globale Konzentration ... Umweltbundesamt (2022): Atmosphärisch Treibhausgas-Konzentration, in: umweltbundesamt.de, abrufbar unter: https://www.umweltbundesamt.de/daten/klima/atmosphaerische-treibhausgas-konzentrationen#kohlendioxid-

Von 280 parts per million ... NOAA Research News (2021): Despite pandemic shutdowns, carbon dioxide and methane surged in 2020, abrufbar unter: https://research.noaa.gov/article/ArtMID/587/ArticleID/2742/Despite-pandemic-shutdowns-carbon-dioxide-and-methane-surged-in-2020

Das National Oceanic and Atmospheric ... NOAA Research News (2021): Carbon dioxide peaks near 420 parts per million at Mauna Loa observatory, abrufbar unter: https://research.noaa.gov/article/ArtMID/587/ArticleID/2764/Coronavirus-response-barely-slows-rising-carbon-dioxide

Die Kohlendioxidkonzentration in der Atmosphäre ... Bundesministerium für Bildung und Forschung (2021): Weltklimarat: Den Klimawandel bekämpfen und für die Folgen Vorsorge betreiben. Pressemitteilung: 161/2021, abrufbar unter: https://www.bmbf.de/bmbf/shareddocs/pressemitteilungen/de/2021/08/090821-Weltklimarat.html

Seit 1971 hat sich die Arktis ... AMAP (2021): Arctic Climate Change Update 2021: Key Trends and Impacts. Summary for Policy-makers. Arctic Monitoring and Assessment Programme (AMAP), Tromsø, Norway, 16 pp, abrufbar unter: https://www.amap.no/documents/doc/arctic-climate-change-update-2021-key-trends-and-impacts.-summary-for-policy-makers/3508

Die Prognosen für die Antarktis sehen aber ebenso ... AMAP (2021): Arctic Climate Change Update 2021: Key Trends and Impacts. Summary for Policy-makers. Arctic Monitoring and Assessment Programme (AMAP), Tromsø, Norway, 16 pp, abrufbar unter: https://www.amap.no/documents/doc/

arctic-climate-change-update-2021-key-trends-and-impacts.-summary-for-policy-makers/3508

Im Mittel sind die Temperaturen dort ... Umweltbundesamt (2022): Klimawandel in der Antarktis, abrufbar unter: https://www.umweltbundesamt.de/themen/wasser/antarktis/die-antarktis/das-klima-der-antarktis/klimawandel-in-der-antarktis#

Mit dem Wind um die Welt

Durch die Erwärmung der Atmosphäre ... McCrystall, M.R. et al. (2021): New climate models reveal faster and larger increases in Arctic precipitation than previously projected. Nat Commun 12, 6765, abrufbar unter: https://www.nature.com/articles/s41467-021-27031-y

Eigentlich fallen in der Hohen Arktis ... Arctic Climate Impact Assessment (2004): Impacts of a Warming Arctic: Arctic Climate Impact Assessment. ACIA Overview report. Cambridge University Press. 140 pp.

Inzwischen wird aber bis zum Ende ... Arctic Climate Impact Assessment (2004): Impacts of a Warming Arctic: Arctic Climate Impact Assessment. ACIA Overview report. Cambridge University Press. 140 pp.

Schon jetzt ist er keine Seltenheit ... Landrum, L., Holland, M. (2020): Extremes become routine in an emerging new Arctic. Nat. Clim. Chang. 10, 1108–1115, abrufbar unter: https://www.nature.com/articles/s41558-020-0892-z

«Der kälteste Februar seit Beginn ... Statista (2021): Entwicklung der Jahresmitteltemperatur in Deutschland in ausgewählten Jahren von 1960 bis 2021, abrufbar unter: https://de.statista.com/statistik/daten/studie/914891/umfrage/durchschnittstemperatur-in-deutschland/

Die zehn wärmsten ... Statista (2022): Jahre mit der höchsten Durchschnittstemperatur in Deutschland von 1881 bis 2021, abrufbar unter: https://de.statista.com/statistik/daten/studie/164050/umfrage/waermste-jahre-in-deutschland-nach-durchschnittstemperatur/

Unsere Erde wird dazu mit einem ... Alfred-Wegener-Institut (2019): Neues Klimamodell für den Weltklimarat. AWI-Klimamodellrechnungen erstmals mit Grundlage für den Sachstandsbericht des IPCC, abrufbar unter: https://www.awi.de/ueber-uns/service/presse/presse-detailansicht/neues-klimamodell-fuer-den-weltklimarat.html

Der Superrechner des AWI ... Alfred-Wegener-Institut (2016): AWI Bremerhaven erhält neuen Hochleistungsrechner. Supercomputer vom Typ CRAY CS400 ist Bremens modernster Forschungsrechner, abrufbar unter: https://www.awi.de/ueber-uns/service/presse/presse-detailansicht/awi-bremerhaven-erhaelt-neuen-hochleistungsrechner.html

In den letzten fünfzig Jahren ... World Meteorological Organisation (WMO) (2021): Weather-related disasters increase over past 50 years, causing more damage but fewer deaths, abrufbar unter: https://public.wmo.int/en/media/press-release/weather-related-disasters-increase-over-past-50-years-causing-more-damage-fewer

In den 1970er-Jahren kam es pro Jahr ... Umweltbundesamt (2021): Klimawirkungs- und Risikoanalyse für Deutschland 2021 (Kurzfassung). Climate Change, 26/2021, abrufbar unter: https://www.umweltbundesamt.de/publikationen/KWRA-Zusammenfassung

Und diese erhobenen Daten ... Giorgi, F. et al. (2019): The response of precipitation characteristics to global warming from climate projections. Earth Syst. Dynam., 10, 73-89, abrufbar unter: https://esd.copernicus.org/articles/10/73/2019/

Im Februar 2020 gelang es ... SVZ (2020): Orkan-Flug: Boeing überquert Atlantik 103 Minuten schneller als geplant, abrufbar unter: https://www.svz.de/deutschland-welt/mecklenburg-vorpommern/artikel/orkan-flug-boeing-erreicht-london-103-minuten-frueher-als-geplant-21027640

Als Folge erleben wir Menschen auf der Nordhalbkugel ... Bissolli, P. et al. (2019): Hitzewelle Juli 2019 in Westeuropa - neuer nationaler Rekord, Deutscher Wetterdienst, abrufbar unter: https://www.dwd.de/DE/leistungen/besondereereignisse/temperatur/20190801_hitzerekord_juli2019.pdf?__blob=publicationFile&v=3

In Kanada lagen die Temperaturen ... Deutscher Wetterdienst (2021): Hitzewelle in Kanada und Teilen der US-Westküste, dwd.de, 04.07.2021, abrufbar unter: https://www.dwd.de/DE/wetter/thema_des_tages/2021/7/4.html

Diese brechen durch die Instabilität ... Jaiser, R. et al. (2012): Impact of sea ice cover changes on the Northern Hemisphere atmospheric winter circulation. Tellus A: Dynamic Meteorology and Oceanography, Volume 64, Issue 1, abrufbar unter: https://www.tandfonline.com/doi/full/10.3402/tellusa.v64i0.11595

Die extrem kalten Luftmassen ... Cohen, J. et al. (2021): Linking Arctic variability and change with extreme winter weather in the United States. Science, Vol. 373, Issue 6559, pp. 1116-1121, abrufbar unter: https://www.science.org/doi/10.1126/science.abi9167

In der Wüste

Die erste deutsche Forschungsstation ... Köhler, Jana (2009): Was wird aus Neumayer II?, n-tv.de, abrufbar unter: https://www.n-tv.de/wissen/frageantwort/Was-wird-aus-Neumayer-II-article293047.html

Um etwa einen Meter ... SPIEGEL-online (2009): Neumayer III-Station: Stelzen auf dem Schelfeis, abrufbar unter: https://www.spiegel.de/fotostrecke/neumayer-iii-station-stelzen-auf-dem-schelfeis-fotostrecke-39911.html

Im Jahr 2020 betrug die Niederschlagsmenge ... Statista (2022): Niederschlagsmenge im Jahr 2021 nach Bundesländern, abrufbar unter: https://de.statista.com/statistik/daten/studie/249926/umfrage/niederschlag-im-jahr-nach-bundeslaendern/

Mit steigender globaler Temperatur ... IPCC 2014: Klimaänderung 2013: Naturwissenschaftliche Grundlagen. Häufig gestellte Fragen und Antworten - Teil des Beitrags der Arbeitsgruppe I zum Fünften Sachstandsbericht des Zwischenstaatlichen Ausschusses für Klimaänderungen (IPCC).

In einigen Regionen liegen 80-95 Prozent ... Pfoser, A. (2019): Wetter in der Arktis, auroraborealis.at, abrufbar unter: https://www.auroraborealis.at/klimazonen/arktiswetter/

Für die Antarktis prognostizieren ... Frieler, K. et al. (2015): Consistent evidence of increasing Antarctic accumulation with warming. Nat. Clim. Chang. 5, 348-352, abrufbar unter: https://www.nature.com/articles/nclimate2574

Niederschlag, der auf den Eispanzer fällt ... Medley, B., Thomas E.R. (2019): Increased snowfall over the Antarctic Ice Sheet mitigated twentieth-century sea-level rise. Nat. Clim. Chang. 9, 34-39, abrufbar unter: https://www.nature.com/articles/s41558-018-0356-x.epdf

TEIL II – DAS ENDE DES EISES

Expeditionen zu den Eisschilden unserer Erde

Meine Kolleg*innen entnahmen Sedimentproben ... Alfred-Wegener-Institut (2021): Polarstern-Expedition erkundet abgebrochenen Rieseneisberg, abrufbar unter: https://www.awi.de/ueber-uns/service/presse/presse-detailansicht/polarstern-expedition-erkundet-abgebrochenen-rieseneisberg.html

Denn so normal es auch ist ... De Rydt, Jan et al. (2019): Calving cycle of the Brunt Ice Shelf, Antarctica, driven by changes in ice shelf geometry. The Cryosphere, 13, 2771-2787, abrufbar unter: https://tc.copernicus.org/articles/13/2771/2019/

Doch jede Veränderung in dieser Massenbilanz ... Rignot, E. et al. (2019): Four decades of Antarctic Ice Sheet mass balance from 1979-2017, abrufbar unter: https://www.pnas.org/content/116/4/1095

In der Antarktis ist dieses zwischen ... World Ocean Review 6 (2019): Arktis und Antarktis - extrem, klimarelevant, gefährdet. Maribus (Hrsg.), abrufbar unter: https://worldoceanreview.com/wp-content/downloads/wor6/WOR6_de.pdf

«Ein Eisschelf weniger und ein bedrohlicher ... Gudmundsson, Hilmar et al. (2022): Ein Eisschelf weniger und ein bedrohlicher Trend. SPEKTRUM online, 13.04.2022, abrufbar unter: https://www.spektrum.de/news/klimakatastrophe-ein-schelfeis-weniger-und-ein-bedrohlicher-trend/2008606

Und es stimmt: Die Schelfeisflächen der Antarktis ... Fürst, J.J. et al. (2016): The safety band of Antarctic ice shelves. Nature Climate Change 6, 479-482, abrufbar unter: https://www.nature.com/articles/nclimate2912

In der Zeit von 1979 bis 1990 verlor die Antarktis ... Rignot, E. et al. (2019): Four decades of Antarctic Ice Sheet mass balance from 1979-2017, abrufbar unter: https://www.pnas.org/content/116/4/1095

Wissenschaftler haben die Stabilität ... Joughin, I. et al. (2021): Ice-shelf retreat drives recent Pine Island Glacier speedup. Science Advances, Vol. 7, Issue 24, abrufbar unter: https://www.science.org/doi/10.1126/sciadv.abg3080

Im Jahr 2021 herrschten etwa Temperaturen von über zwanzig Grad ... die ins Meer floss. Polar Portal (2021): Polar Portal Season Report 2021, abrufbar unter: http://polarportal.dk/fileadmin/user_upload/PolarPortal/season_report/polarportal_saesonrapport_2021_EN.pdf

So hat warmes Tiefenwasser bereits ... Le Brocq, A.M. et al. (2013): Evidence rom ice shelves for channelized meltwater flow beneath the Antarctic Ice Sheet. Nature Geoscience 6, 945-948, abrufbar unter: https://www.nature.com/articles/ngeo1977

So hat warmes Tiefenwasser bereits ... Stewart, C.L. et al. (2019): Basal melting of Ross Ice Shelf from solar heat absorption in an ice-front polynya. Nature Geoscience 12, 435-440, abrufbar unter: https://www.nature.com/articles/s41561-019-0356-0

Ein Team internationaler Wissenschaftler*innen hat die ... Garbe, J. et al. (2020): The hysteresis oft he Antarctic Ice Sheet, abrufbar unter: https://www.nature.com/articles/s41586-020-2727-5.epdf

Das ist mehr als doppelt so hoch ... National Snow & Ice Data Center (2021): Greenland surface melting in 2021, abrufbar unter: http://nsidc.org/greenland-today/2021/11/greenland-surface-melting-in-2021/

Allein am 28. Juli 2021 ... National Snow & Ice Data Center (2021): Greenland surface melting in 2021, abrufbar unter: http://nsidc.org/greenland-today/2021/11/greenland-surface-melting-in-2021/

Dort verläuft das Schmelzen des Eises ... The IMBIE Team (2019): Mass balance of the Greenland Ice Sheet from 1992 to 2018, abrufbar unter: https://www.nature.com/articles/s41586-019-1855-2.epdf

Knapp 69 Prozent unseres globalen ... Mayer, C./Oerter, H. (2014): Die Massenbilanzen des antarktischen und grönländischen Inlandeises und der

Charakter ihrer Veränderungen, Warnsignal Klima; 14, Wiss. Auswertungen, 115-120.

Kolleg*innen am AWI haben mithilfe von Satellitenmessungen ... Helm, V. et al. (2014), Elevation and elevation change of Greenland and Antarctica derived from CryoSat-2. The Cryosphere, 8, 1539-1559, abrufbar unter: https://www.awi.de/ueber-uns/service/presse/presse-detailansicht/rekordrueck gang-der-eisschilde-wissenschaftler-kartieren-erstmals-die-hoehenveraen derungen-der-gletscher-auf-groenland-und-in-der-antarktis.html

Unterwegs auf dem Meereis der Arktis

«Nachmittags - wir saßen gerade müßig ... Zitiert nach Röhrlich, Dagmar (2018): Fridtjof Nansens Nordpolexpedition. Deutschlandfunk online, 24.06.2018, abrufbar unter: https://www.deutschlandfunk.de/vor-125-jahren-begonnen-fridtjof-nansens-nordpolexpedition-100.html

Mit fünf bis sieben ... Alfred-Wegener-Institut (2020): MOSAiC-Expedition erreicht Nordpol. Forschungsschiff Polarstern überquert auf finalem Expeditionsabschnitt den nördlichsten Punkt der Erde, awi.de, abrufbar unter: https://www.awi.de/ueber-uns/service/presse/presse-detailansicht/mosaic-expedition-erreicht-nordpol.html

Waren es 1985 noch gut dreißig Prozent ... National Snow & Ice Data Centre (2021): Arctic Sea Ice News & Analysis. A step in our spring. Overview of conditions, abrufbar unter: http://nsidc.org/arcticseaicenews/2021/05/a-step-in-our-spring/

So weit ist es aber zum Glück noch nicht ... Arndt, S. et al. (2021): Recent observations of superimposed ice and snow ice on sea ice in the northwestern Weddell Sea. EGU, The Cryosphere, 15, 4165-4178, abrufbar unter: https://tc.copernicus.org/articles/15/4165/2021/

Wird dieser Ruß vom Schnee aufgenommen ... Ohata, S. et al. (2021): Arctic black carbon during PAMARCMiP 2018 and previous aircraft experiments in spring, Atmos. Chem. Phys., 21, 15861-15881, abrufbar unter: https://acp.copernicus.org/articles/21/15861/2021/

Mit dem Tauen des arktischen Meereises ... Lack, D.A. et al. (2009): Particulate emissions from commercial shipping: Chemical, physical, and optical properties, Journal of Geophysical Research: Atmospheres, Vol. 114, No. 4, abrufbar unter: https://agupubs.onlinelibrary.wiley.com/doi/full/10.1029/2008JD011300

Neueste wissenschaftliche Erkenntnisse zeigen, dass ... Khan, A. L. et al. (2021): Spectral characterization, radiative forcing and pigment content of coastal Antarctic snow algae: approaches to spectrally discriminate red and green communities and their impact on snowmelt, The Cryosphere, 15, 133–148, abrufbar unter: https://tc.copernicus.org/articles/15/133/2021/

Obwohl auch die Antarktis ... Rackow, T. et al. (2022): Delayed Antarctic sea-ice decline in high-resolution climate change simulations. Nat Commun 13, 637, abrufbar unter: https://www.nature.com/articles/s41467-022-28259-y

Inzwischen ist eine Gruppe ... Rackow, T. et al. (2022): Delayed Antarctic sea-ice decline in high-resolution climate change simulations. Nat Commun 13, 637, abrufbar unter: https://www.nature.com/articles/s41467-022-28259-y

Das unsichtbare Eis der Erde

Zu Beginn des Jahres 2021 ... van der Valk, T. et al. (2021): Million-year-old DNA sheds light on the genomic history of mammoths. Nature 591, 265–269, abrufbar unter: https://www.nature.com/articles/s41586-021-03224-9

Wissenschaftler*innen vermuten, dass der gefrorene Boden ... Tarnocai, C. et al. (2009): Soil organic carbon pools in the northern circumpolar permafrost region. Global Biogeochemical Cycles, Volume 23, Issue 2, abrufbar unter: https://agupubs.onlinelibrary.wiley.com/doi/10.1029/2008GB003327

Methan gilt dabei als deutlich klimawirksamer ... Quarks (2019): Darum sollten wir über Methan sprechen, abrufbar unter: https://www.quarks.de/umwelt/klimawandel/darum-sollten-wir-ueber-methan-sprechen/

Mitarbeiter*innen des AWI beobachten ... Alfred-Wegener-Institut: Der direkte Draht in den arktischen Permafrost, abrufbar unter: https://www.awi.de/im-fokus/permafrost/direkter-draht-in-den-permafrost.html

Eine weltweite Vergleichsstudie ... Biskaborn, B. K. et al. (2019): Permafrost is warming at a global scale. Nat Commun 10, 264, abrufbar unter: https://www.nature.com/articles/s41467-018-08240-4

2021 - dem Jahr der großen Waldbrände ... Fieber, T., Westram, H. (2020): Hitzewelle in Sibirien nur durch Klimawandel erklärbar, Bayerischer Rundfunk online, abrufbar unter: https://www.br.de/nachrichten/wissen/hitze-hitzewelle-sibirien-klimawandel-klimaforscher,S3b3RLi

Stellenweise war es an den Küsten der ... The Moscow Times (2021): Russian Arctic Temps Now Hotter Than in Mediterranean, abrufbar unter: https://www.themoscowtimes.com/2021/05/20/russian-arctic-temps-now-hotter-than-in-mediterranean-a73965

2020 setzten sie so viel Kohlendioxid frei ... Stone, M. (2021): Waldbrände in Sibirien: Tauender Permafrost, gefährlicher Rauch. National Geographic online, abrufbar unter: https://www.nationalgeographic.de/umwelt/2021/08/waldbraende-in-sibirien-tauender-permafrost-gefaehrlicher-rauch

Für die Bewohner*innen der betroffenen ... Ramage, J. et al. (2021): Population living on permafrost in the Arctic. Population and Environment 43, 22–38, abrufbar unter: https://link.springer.com/article/10.1007/s11111-020-00370-6

Im Norden Sibiriens ... Adler, S. (2021): Klimawandel in Sibirien. Wenn der Permafrostboden ins Rutschen gerät. Deutschlandfunk Kultur online, abrufbar unter: https://www.deutschlandfunkkultur.de/klimawandel-in-sibirien-wenn-der-permafrostboden-ins-100.html

Neue Forschungsergebnisse zeigen ... Miner, K.R. et al. (2021): Emergent biogeochemical risks from Arctic permafrost degradation. Nat. Clim. Chang. 11, 809–819, abrufbar unter: https://www.nature.com/articles/s41558-021-01162-y

Im Labor wurden solche Versuche ... Houwenhuyse, S. et al. (2017): Back to the future in a petri dish: Origin and impact of resurrected microbes in natural populations, Evolutionary Applications, Vol. 11: Resurrection Ecology, 29–41, abrufbar unter: https://onlinelibrary.wiley.com/doi/full/10.1111/eva.12538

Was wie das Drehbuch eines ... Legendre, Matthieu et al. (2014): Thirty-thousand-year-old distant relative of giant icosahedral DNA viruses with a pandoravirus morphology. PNAS, 111 (11) 4274–4279, abrufbar unter: https://www.pnas.org/doi/10.1073/pnas.1320670111

TEIL III – EIN NEUER OZEAN

Die Weltreise der Enten

Sagenhafte 1234 Trillionen Liter Wasser ... Earthhow.com (2022): How Much Water Is on Earth?, abrufbar unter: https://earthhow.com/how-much-water-is-on-earth/

Mit fatalen Folgen für das Ökosystem ... Zantis, L.J. et al. (2022): Assessing microplastic exposure of large marine filter-feeders. Science of The Total Environment, Vol. 818, 151815, abrufbar unter: https://www.sciencedirect.com/science/article/abs/pii/S0048969721068911?via%3Dihub#

2014 und 2015 untersuchten die Wissenschaftler*innen ... Peeken, I. et al. (2018): Arctic sea ice is an important temporal sink and means of transport for microplastic. Nature Communications 9, 1505, abrufbar unter: https://www.nature.com/articles/s41467-018-03825-5

Sogar im arktischen Schnee haben wir ... Tekman, M.B. et al. (2020): Tying up Loose Ends of Microplastic Pollution in the Arctic. Distribution from the Sea Surface through the Water Column to Deep-Sea Sediments at the HAUSGARTEN Observatory. Environ. Sci. Technol. 54, 7, 4079-4090, abrufbar unter: https://pubs.acs.org/doi/10.1021/acs.est.9b06981

Neuesten Studien zufolge ist ... Ross, P.S. et al. (2021): Pervasive distribution of polyester fibres in the Arctic Ocean is driven by Atlantic inputs. Nat Commun 12, 106, abrufbar unter: https://www.nature.com/articles/s41467-020-20347-1

Wissenschaftlichen Schätzungen zufolge ... Bund für Umwelt und Naturschutz Deutschland e.V. (BUND) – Friends of the Earth Germany (2018): Mikroplastik aus Textilien, abrufbar unter: https://www.bund.net/fileadmin/user_upload_bund/publikationen/meere/meere_mikroplastik_aus_textilien_faltblatt.pdf

Jährlich kommen geschätzte ... WWF (2020): Plastikmüll im Meer – die wichtigsten Antworten, abrufbar unter: https://www.wwf.de/themen-projekte/plastik/unsere-ozeane-versinken-im-plastikmuell/plastikmuell-im-meer-die-wichtigsten-antworten

In den letzten Jahren konnten ... Greenpeace e. V. (2018): Ergebnisbericht: Mikroplastik und Chemikalien in der Antarktis, abrufbar unter: https://www.greenpeace.de/publikationen/s02221-greenpeace-studie-mikroplastik-antarktis-meere.pdf

Dort ist der Plastikmülleintrag ... Leistenschneider, C. et al. (2021): Microplastics in the Weddell Sea (Antarctica): A Forensic Approach for Discrimination between Environmental and Vessel-Induced Microplastics. Environ. Sci. Technol. 55, 23, 15900–15911, abrufbar unter: https://pubs.acs.org/doi/10.1021/acs.est.1c05207

Außerdem schottet dieser Ringozean ... Wu, S. et al. (2021): Orbital- and millennial-scale Antarctic Circumpolar Current variability in Drake Passage over the past 140,000 years. Nature Communications 12, 3948, abrufbar unter: https://www.nature.com/articles/s41467-021-24264-9

Er fließt jedoch nicht nur rund um den Kontinent ... Armour, K. C. et al. (2016): Southern Ocean warming delayed by circumpolar upwelling and equatorward transport. Nat. Geosci. 9, 549–554, abrufbar unter: https://www.nature.com/articles/ngeo2731

Während im Südpolarmeer ... Sejr, M. K. et al. (2017): Evidence of local and regional freshening of Northeast Greenland coastal waters. Scientific Reports 7, 13183, abrufbar unter: https://www.nature.com/articles/s41598-017-10610-9

... wirken sich auf der Nordhalbkugel ... Rahmstorf, S. et al. (2015): Exceptional twentieth-century slowdown in Atlantic Ocean overturning circulation. Nature Climate Change 5, 475–480, abrufbar unter: https://www.nature.com/articles/nclimate2554

The Day After Tomorrow

Sie entdeckten eine Art ... Caesar, L. et al. (2018): Observed fingerprint of a weakening Atlantic Ocean overturning circulation. Nature 556, 191–196, abrufbar unter: https://www.nature.com/articles/s41586-018-0006-5

In einer weiteren Untersuchung versuchte ... Caesar, L. et al. (2021): Current Atlantic Meridional Overturning Circulation weakest in last millennium. Nat. Geosci. 14, 118–120, abrufbar unter: https://www.nature.com/articles/s41561-021-00699-z

Modellberechnungen prognostizieren ... Latif, Prof. Dr. M. et al. (2017): Zukunft der Golfstromzirkulation. Fakten und Hintergründe aus der Forschung, Deutsches Klima Konsortium, Konsortium Deutsche Meeresforschung, abrufbar unter: https://www.cen.uni-hamburg.de/about-cen/documents/zukunft-der-golfstromzirkulation.pdf

Das zeigt auch eine Studie von 2021 ... Boers, N. (2021): Obsevation-based early-warning signals for a collapse of the Atlantic Meridional Overturning Circulation, nature climate change, abrufbar unter: https://www.nature.com/articles/s41558-021-01097-4.epdf

Nur ein paar Zentimeter?

Satte neunzig Prozent der zusätzlichen Wärme ... Alfred-Wegener-Institut (2020): Depths of the Weddell Sea are warming five times faster than elsewhere, Science Daily, 20.10.2020, abrufbar unter: https://www.sciencedaily.com/releases/2020/10/201020105530.htm

Zwischen 1971 und 2010 sind die ... IPCC 2014: Klimaänderung 2013: Naturwissenschaftliche Grundlagen. Häufig gestellte Fragen und Antworten - Teil des Beitrags der Arbeitsgruppe I zum Fünften Sachstandsbericht des Zwischenstaatlichen Ausschusses für Klimaänderungen (IPCC), abrufbar unter: https://www.deutsches-klima-konsortium.de/de/klimafaq-3-1.html

Gerade der Südozean ist in dieser Hinsicht ... Alfred-Wegener-Institut (2020): Depths of the Weddell Sea are warming five times faster than elsewhere, Science Daily, 20.10.2020, abrufbar unter: https://www.sciencedaily.com/releases/2020/10/201020105530.htm

Das hat zum einen zur Folge ... Oppenheimer, M. et al. (2019): Sea Level Rise and Implications for Low-Lying Islands, Coasts and Communities. IPCC Special Report on the Ocean and Cryosphere in a Changing Climate, abrufbar unter: https://www.ipcc.ch/site/assets/uploads/sites/3/2019/11/08_SROCC_Ch04_FINAL.pdf

Rund dreißig Prozent sind allein darauf zurückzuführen ... Widlansky, M.J. et al. (2020): Increase in sea level variability with ocean warming associated with the nonlinear thermal expansion of seawater, Communications Earth & Environment 1, 9, abrufbar unter: https://www.nature.com/articles/s43247-020-0008-8

Durch exzessive Grundwasserentnahme ... Bannick, C. et al. (2008): Grundwasser in Deutschland. Bundesministerium für Umwelt, Naturschutz und Reaktorsicherheit (Hrsg.). Reihe Umweltpolitik, abrufbar unter: https://www.umweltbundesamt.de/sites/default/files/medien/publikation/long/3642.pdf

In anderen Regionen der Erde ist es wiederum ... Deutsches Klima-Konsortium e.V. (Hrsg.): Zukunft der Meeresspiegel. Fakten und Hintergründe aus der Forschung, abrufbar unter: https://www.deutsches-klima-konsortium.de/fileadmin/user_upload/pdfs/Publikationen_DKK/dkk-kdm-meeresspiegel broschuere-web.pdf

Dies betrifft vor allem die Flussdeltas ... Herrera-García, G. et al. (2021): Mapping the global threat of land subsidence. Science, Vol. 371, Issue 6524, 34–36, abrufbar unter: https://pubmed.ncbi.nlm.nih.gov/33384368/

Im Jahr 2020 erreichte der globale ... Lindsey, R. et al. (2022): Climate Change: Global Sea Level, abrufbar unter: https://www.climate.gov/news-features/understanding-climate/climate-change-global-sea-level

Etwa die Hälfte aller Menschen weltweit ... Deutsches Klima-Konsortium e.V. (Hrsg.): Zukunft der Meeresspiegel. Fakten und Hintergründe aus der Forschung, abrufbar unter: https://www.deutsches-klima-konsortium.de/fileadmin/user_upload/pdfs/Publikationen_DKK/dkk-kdm-meeresspiegel broschuere-web.pdf

Von den Bewohner*innen der einst ... von Eichhorn, C. (2021): Wo der Klimawandel zum Rückzug zwingt. SZ online, 13. Juli 2021, abrufbar unter: https://www.sueddeutsche.de/wissen/klimawandel-meeresspiegel-ueberschwemmung-louisiana-managed-retreat-1.5349308?reduced=true

Der Meeresspiegelanstieg ist eine ... Strauss, B.H. et al. (2021): Unprecedented threats to cities from multi-century sea level rise. Environmental Research Letters, Volume 16, Number 11, abrufbar unter: https://iopscience.iop.org/article/10.1088/1748-9326/ac2e6b

Auch das Schmelzen der großen ... Robel, A.A. et al. (2019): Marine ice sheet instability amplifies and skews uncertainty in projections of future sea-level rise. 116 (30) 14887–14892, abrufbar unter: https://www.pnas.org/doi/10.1073/pnas.1904822116

So zeigt eine 2021 erschienene Studie ... Rosier, S.H.R. et al. (2021): The tipping points and early warning indicators for Pine Island Glacier, West Antarctica. The Cryosphere 15, 1501-1516, abrufbar unter: https://tc.copernicus.org/articles/15/1501/2021/

Dieser Gletscher verliert schon heute ... Joughin, I. et al. (2021): Ice-shelf retreat drives recent Pine Island Glacier speedup. Science Advances, Vol. 7, Issue 24, abrufbar unter: https://www.science.org/doi/10.1126/sciadv.abg3080

Neue wissenschaftliche Ergebnisse zeigen ... Edwards, T.L. et al. (2021): Projected land ice contributions to twenty-first-century sea level rise. Nature 593, 74-82, abrufbar unter: https://www.nature.com/articles/s41586-021-03302-y

Das Eisschild Grönlands ... Boers, N. et al. (2020): Critical slowing down suggests that the western Greenland Ice Sheet is close to a tipping point. PNAS 118(21), e2024192118, abrufbar unter: https://www.pnas.org/doi/10.1073/pnas.2024192118

Das Meer wird sauer

In einer wissenschaftlichen Untersuchung ... Gruber, N. et al. (2019): The oceanic sink for anthropogenic CO_2 from 1994 to 2007. Science, Vol. 363, Issue 6432, 1193-1199, abrufbar unter: https://www.science.org/doi/full/10.1126/science.aau5153

Obwohl wir in den letzten Jahrzehnten ... Gruber, N. et al. (2019): The oceanic sink for anthropogenic CO_2 from 1994 to 2007. Science, Vol. 363, Issue 6432, 1193-1199, abrufbar unter: https://www.science.org/doi/full/10.1126/science.aau5153

So nahm das Südpolarmeer ... Le Quéré, C. et al. (2019): Saturation of the Southern Ocean CO_2 Sink Due to Recent Climate Change. Science, Vol. 316, Issue 5832, 1735-1738, abrufbar unter: https://www.science.org/doi/10.1126/science.1136188

Eine aktuelle Studie des AWI ... Wu, S. et al. (2021): Orbital- and millennial-scale Antarctic Circumpolar Current variability in Drake Passage over the past 140,000 years. Nat Commun 12, 3948, abrufbar unter: https://www.nature.com/articles/s41467-021-24264-9

Korallenriffe wachsen im saureren ... Dr. L. et al. (2018): Dem Ozeanwandel auf der Spur. GEOMAR Helmholtz-Zentrum für Ozeanforschung Kiel, abrufbar unter: https://www.bioacid.de/wp-content/uploads/2017/10/BIOACID_broschuere_D_web.pdf

Zusätzlich verändert sich durch die Versauerung ... Smith, J. et al. (2016): Ocean acidification reduces demersal zooplankton that reside in tropical coral reefs. Nature Clim Change 6, 1124-1129, abrufbar unter: https://www.nature.com/articles/nclimate3122

Eine 2018 veröffentlichte Studie ... Flemming T. et al. (2018): Northern cod species face spawning habitat losses if global warming exceeds 1.5 °C. Science Advances, Science Advances, Vol. 4, Issue 11, abrufbar unter: https://www.science.org/doi/10.1126/sciadv.aas8821

Auch für die Antarktis rechnen Wissenschaftler*innen ... Gutt, J. et al. (2020): Antarctic ecosystems in transition - life between stresses and opportunities. Biological Reviews. Cambridge Philosophical Society, abrufbar unter: https://onlinelibrary.wiley.com/doi/10.1111/brv.12679

TEIL IV – BELEBTE POLE

Unter dem Meer

Mithilfe ihres Unterwasserkameraschlittens ... Barnes, D. K. A. et al. (2021): Richness, growth, and persistence of life under an Antarctic ice shelf. Current Biology, Volume 31, Issue 24, abrufbar unter: https://www.cell.com/current-biology/fulltext/S0960-9822(21)01539-6?_

Wenn man sich die Fotografien ... Alfred-Wegener-Institut (2021): Bilder vom Meeresboden, abrufbar unter: https://www.awi.de/ueber-uns/service/presse/presse-detailansicht/default-8bdbcd780e.html

Auch unweit der Neumayer-Station III ... Barnes, D. K. A. et al. (2021): Richness, growth, and persistence of life under an Antarctic ice shelf. Current Biology, Volume 31, Issue 24, abrufbar unter: https://www.cell.com/current-biology/fulltext/S0960-9822(21)01539-6?_

Im Januar 2022 ging die Nachricht ... Purser, A. et al. (2022): A vast icefish breeding colony discovered in the Antarctic. Current Biology, Volume 32, Issue 4, abrufbar unter: https://www.cell.com/current-biology/fulltext/S0960-9822(21)01698-5

Grönlandhaie sind die langlebigsten ... Nielsen, J. et al. (2016): Eye lens radiocarbon reveals centuries of longevity in the Greenland shark (Somniosus microcephalus). Science, Vol. 353, Issue 6300, 702-704, abrufbar unter: https://www.science.org/doi/10.1126/science.aaf1703

Die Islandmuschel, die es mit 507 Jahren ... Poitevin, P. et al. (2019): Growth Response of Arctica Islandica to North Atlantic Oceanographic Conditions Since 1850, abrufbar unter: https://www.frontiersin.org/articles/10.3389/fmars.2019.00483/full

Das vermutlich älteste ... Gatti, S. (2002): The Role of Sponges in High-Antarctic Carbon and Silicon Cycling - a Modelling Approach. Stiftung Alfred-Wegener-Institut für Polar- und Meeresforschung, abrufbar unter: https://epic.awi.de/id/eprint/26613/1/BerPolarforsch2002434.pdf

Das größte bisher gefundene Vorratslager ... World Ocean Review 6 (2019): Arktis und Antarktis - extrem, klimarelevant, gefährdet. Maribus (Hrsg.), abrufbar unter: https://worldoceanreview.com/wp-content/downloads/wor6/WOR6_de.pdf

Während sich in der Arktis an Land ... 1600 Tier- und Pflanzenarten. World Ocean Review 6 (2019): Arktis und Antarktis - extrem, klimarelevant, gefährdet. Maribus (Hrsg.), abrufbar unter: https://worldoceanreview.com/wp-content/downloads/wor6/WOR6_de.pdf

«Ich habe eine neue Welt gefunden ... Zitiert nach Podbregar, N. (2012): Lebensraum Meereis, abrufbar unter: https://www.scinexx.de/dossierartikel/lebensraum-meereis-2/

Während der MOSAiC-Expedition entdeckten wir ... Snoeijs-Leijonmalm, P. et al. (2022): Unexpected fish and squid in the central Arctic deep scattering layer. Science Advances, Vol. 8, Issue 7, abrufbar unter: https://www.science.org/doi/10.1126/sciadv.abj7536

Unterwegs auf dünnem Eis

Und auch dort ist der Eisbär in seinem Element ... Lone, K. et al. (2018): Aquatic behaviour of polar bears (Ursus maritimus) in an increasingly ice-free Arctic. Sci Rep 8, 9677, abrufbar unter: https://www.nature.com/articles/s41598-018-27947-4

Alle Regionen, in denen Eisbären leben ... Stern, H.L., Laidre, K.L. (2016): Sea-ice indicators of polar bear habitat. EGU, The Cryosphere, 10, 2027-2041, abrufbar unter: https://tc.copernicus.org/articles/10/2027/2016/tc-10-2027-2016.pdf

Die Tiere versuchen deshalb ... Hamilton, C.D. et al. (2017): An Arctic predator-prey system in flux: climate change impacts on coastal space use by polar bears and ringed seals. Journal of Animal Ecology, Vol. 86, Issue 5, 1054-1064, abrufbar unter: https://besjournals.onlinelibrary.wiley.com/doi/full/10.1111/1365-2656.12685

*Wissenschaftler*innen haben festgestellt ...* Prop, J. et al. (2015): Climate change and the increasing impact of polar bears on bird populations. https://www.frontiersin.org/articles/10.3389/fevo.2015.00033/full

Neueste Studien zeigen ... Stempniewicz, L. et al. (2021): Yes, they can: polar bears Ursus maritimus successfully hunt Svalbard reindeer Rangifer tarandus platyrhynchus. Polar Biol 44, 2199-2206, abrufbar unter: https://link.springer.com/article/10.1007/s00300-021-02954-w

Das Städtchen Churchill ... auf den Stadtbummel vergangen ist. Schuster, K. (2021): Welteisbärentag, In Churchill klopfen die Eisbären ans Fenster, zdf.de, 27.02.2021, abrufbar unter: https://www.zdf.de/nachrichten/panorama/eisbaeren-welttag-churchill-100.html

Das früher schmelzende Eis ... Owen, M.A. et al. (2015): An experimental investigation of chemical communication in the polar bear. Journal of Zoology, Vol. 295, Issue 1, 36-43, abrufbar unter: https://pubs.er.usgs.gov/publication/70123407

Neueste Studien zeigen, dass durch den Verlust ... Maduna, S.N. et al. (2021): Sea ice reduction drives genetic differentiation among Barents Sea polar bears. Proceedings of the Royal Society B, Vol. 288, Issue 1958, abrufbar unter: https://royalsocietypublishing.org/doi/10.1098/rspb.2021.1741

Ausgehungerte, geschwächte oder sogar kranke Tiere ... Molnár, P.K. et al. (2020): Fasting season length sets temporal limits for global polar bear persistence. Nat. Clim. Chang. 10, 732-738, abrufbar unter: https://www.nature.com/articles/s41558-020-0818-9.epdf

Forscher*innen konnten zeigen, dass die Körperfitness ... Obbard, M.E. et al. (2016): Trends in body condition in polar bears (Ursus maritimus) from the Southern Hudson Bay subpopulation in relation to changes in sea ice. Arctic Science, Vol. 2, Nr. 1, abrufbar unter: https://cdnsciencepub.com/doi/full/10.1139/as-2015-0027#.WVud-elpyUk

Im Blut von Eisbären wiesen Forscher*innen ... Liu, Y. et al. (2018): Hundreds of Unrecognized Halogenated Contaminants Discovered in Polar Bear Serum. Angewandte Chemie - International Edition, Vol. 57, Issue 50, 16401-16406, abrufbar unter: https://onlinelibrary.wiley.com/doi/10.1002/anie.201809906

Auch wenn die Besitzverhältnisse ... Hauser, D.D.W. et al. (2018): Vulnerability of Arctic marine mammals to vessel traffic in the increasingly ice-free Northwest Passage and Northern Sea Route. PNAS, 115, 29, 7617-7622, abrufbar unter: https://www.pnas.org/content/115/29/7617

Auch werden die Eisbären noch immer ... Nabu International (2019): Sold out. Polar Bears: Caught between skin trade, climate change and guns, abrufbar unter: https://www.nabu.de/imperia/md/content/sold_out_polar_bear_report_english.pdf

Das große Kuscheln

Bei Pinguinen betragen diese zum Beispiel ... nur mit ausreichender Distanz. Fabris, R. et al. (2017): Leitfaden für Besucher der Antarktis. Umweltbundesamt, abrufbar unter: https://www.umweltbundesamt.de/sites/default/files/medien/1968/publikationen/leitfaden_fuer_besucher_der_antarktis_2016.pdf

Genau das hat einer der ehemaligen ... aufrücken. Zitterbart, D.P. et al. (2011): Coordinated Movements Prevent Jamming in an Emperor Penguin Huddle, abrufbar unter: https://journals.plos.org/plosone/article?id=10.1371/journal.pone.0020260

Vor allem soll der Roboter die winzigen ... Houstin, A. et al. (2021): Biologging of emperor penguins – attachment techniques and associated deployment performance, abrufbar unter: https://www.biorxiv.org/content/10.1101/2021.06.08.446548v1

Erwärmt sich das globale Klima ... Jenouvrier, S. et al. (2019): The Paris Agreement objectives will likely halt future declines of emperor penguins. Global Change Biology, Vol. 26, Issue 3, 1170–1184, abrufbar unter: https://onlinelibrary.wiley.com/doi/10.1111/gcb.14864

Pinguine gelten wie kein anderes Tier ... Houstin, A. et al. (2021): Juvenile emperor penguin range calls for extended conservation measures in the Southern Ocean, abrufbar unter: https://www.biorxiv.org/content/10.1101/2021.04.06.438390v1.full

Daher ist die Erforschung ihrer Lebensweise ... Trathan, P.N. et al. (2020): The emperor penguin – Vulnerable to projected rates of warming and sea ice loss. Biological Conservation, Vol. 241, abrufbar unter: https://www.sciencedirect.com/science/article/pii/S0006320719309899?via%3Dihub

Leider ist auch 2021 die dringende ... Spektrum (2021): Keine neuen Meeresschutzgebiete in der Antarktis, abrufbar unter: https://www.spektrum.de/news/ccamlr-konferenz-keine-neuen-antarktischen-meeresschutzgebiete/1942405

Der Klang des Ozeans

So können Biolog*innen ... Van Opzeeland, I. et al. (2013): Calling in the Cold: Pervasive Acoustic Presence of Humpback Whales (Megaptera novaeangliae) in Antarctic Coastal Waters, abrufbar unter: https://journals.plos.org/plosone/article?id=10.1371/journal.pone.0073007

Die Wissenschaftler*innen hatten Wärmebildkameras ... Kubny, H. (2013): Mit Wärmebild-Kamera auf Walsuche, abrufbar unter: https://www.polarnews.ch/antarktis/forschung-umwelt/609-mit-waermebild-kamera-auf-walsuche

Der Blauwal muss die kleinen ... Savoca, M.S. et al. (2021): Baleen whale prey consumption based on high-resolution foraging measurements. Nature 599, abrufbar unter: https://www.nature.com/articles/s41586-021-03991-5.epdf

Erst bei einer Expedition im antarktischen Winter im Jahr 2013 machten sich Taucher*innen ... Alfred-Wegener-Institut (2013): Wie überlebt Krill den Winter in der Antarktis? Zweimonatige Tauchexpedition mit FS Polarstern endet in Kapstadt, abrufbar unter: https://www.awi.de/ueber-uns/service/presse/presse-detailansicht/wie-ueberlebt-krill-den-winter-in-der-antarktis-zweimonatige-tauchexpedition-mit-fs-polarstern-endet-in-kapstadt.html

Für diese Theorie spricht ... Atkinson, A. et al. (2004): Long-term decline in krill stock and increase in salps within the Southern Ocean. https://www.nature.com/articles/nature02996

Datenauswertungen, die bis zum ... Atkinson, A. et al. (2019): Krill (Euphausia superba) distribution conctracts southward during rapid regional warming. Nature climate change, abrufbar unter: https://www.nature.com/articles/s41558-018-0370-z.epdf?

Denn vor allem Krillöl ... Gigliotti, J.C. et al. (2011): Extraction and characterisation of lipids from Antarctic krill (Euphausia superba). Food Chemistry, Vol. 125, Issue 3, 1028-1036, abrufbar unter: https://www.sciencedirect.com/science/article/abs/pii/S0308814610012604?via%3Dihub

Laborexperimente haben ... Kawaguchi, S. et al. (2013): Risk maps for Antarctic krill under projected Southern Ocean acidification. Nat. Clim. Chang. 3, 843-847, abrufbar unter: https://www.nature.com/articles/nclimate1937

Derweil sind die wärmeresistenten ... Alfred-Wegener-Institut (2021): Rückzug des Antarktischen Krills reduziert Kohlenstofftransport in die Tiefe des Südozeans, abrufbar unter: https://www.awi.de/ueber-uns/service/presse/presse-detailansicht/rueckzug-des-antarktischen-krills-reduziert-kohlenstofftransport-in-die-tiefe-des-suedozeans.html

Krill frisst an der Oberfläche ... Tarling, G.A., Johnson, M.L. (2006): Satiation gives krill that sinking feeling. Current Biology, Vol. 16, Issue 3, PR83-R84, abrufbar unter: https://www.cell.com/current-biology/comments/S0960-9822(06)01053-0

Der Krill filtert die nährenden ... Belcher, A. et al. (2019): Krill faecal pellets drive hidden pulses of particulate organic carbon in the marginal ice zone. Nat Commun 10, 889, abrufbar unter: https://www.nature.com/articles/s41467-019-08847-1

Krill trägt also dazu bei ... Pauli, N.-C. et al. (2021): Krill and salp faecal pellets contribute equally to the carbon flux at the Antarctic Peninsula. Nature Communications 12, 7168, abrufbar unter: https://www.nature.com/articles/s41467-021-27436-9

Krill ist also deutlich effektiver ... Böckmann, Sebastian et al. (2021): Salp fecal pellets release more bioavailable iron to Southern Ocean phytoplankton than krill fecal pellets. Current Biology, Volume 31, Issue 13.

Wenn die Salpen sich durchsetzen ... Alfred-Wegener-Institut (2021): Rückzug des Antarktischen Krills reduziert Kohlenstofftransport in die Tiefe des Südozeans, abrufbar unter: https://www.awi.de/ueber-uns/service/presse/presse-detailansicht/rueckzug-des-antarktischen-krills-reduziert-kohlenstofftransport-in-die-tiefe-des-suedozeans.html

Weitere spannende Studien zeigen ... Dawson, A.L. et al. (2018): Turning microplastics into nanoplastics through digestive fragmentation by Antarctic krill. Nat Commun 9, 1001, abrufbar unter: https://www.nature.com/articles/s41467-018-03465-9

Forscher*innen vermuten, das sein einziger ... Chami, R. et al. (2019): A strategy to protect whales can limit greenhouse gases and global warming. Nature's Solution to Climate Change, abrufbar unter: https://www.imf.org/Publications/fandd/issues/2019/12/natures-solution-to-climate-change-chami

Außerdem düngen auch sie ... Roman, J., McCarthy, J.J. (2010): The Whale Pump: Marine Mammals Enhance Primary Productivity in a Coastal Basin, abrufbar unter: https://journals.plos.org/plosone/article?id=10.1371/journal.pone.0013255

Generation Zukunft

«Männer für gefährliche Reise gesucht ... The Antarctic Circle (2021): Shackleton Quote, abrufbar unter: http://www.antarctic-circle.org/advert.htm

Es ist erstaunlich, aber ... Kanz, B. et al. (2020): Leben zwischen Eis und Antarktis. Biologische Bodenkrusten in der Antarktis. Biologie unserer Zeit, abrufbar unter: https://onlinelibrary.wiley.com/doi/full/10.1002/biuz.202010702

Im Ablauf der vergangenen ... Umweltbundesamt (2022): Atmosphärische Treibhausgas-Konzentrationen, abrufbar unter: https://www.umwelt bundesamt.de/sites/default/files/medien/1410/publikationen/2020-07-28_ texte_143-2020_monitoring-maxwell-bay.pdf

Seit den Achtzigerjahren ... Braun, Christina et al. (2020): Überwachung der klimabedingten Veränderungen terrestrischer und mariner Ökosysteme in der Maxwell Bay (King George Island, Antarktis). Abschlussbericht. Umweltbundesamt (Hrsg.), Texte 143/2020, abrufbar unter: https://www.umwelt bundesamt.de/sites/default/files/medien/1410/publikationen/2020-07-28_ texte_143-2020_monitoring-maxwell-bay.pdf

Bereits im Jahr ... Arrhenius, S. (1896): On the Influence of Carbonic Acid in the Air upon the Temperature of the Earth. Philosophical Magazine and Journal of Science, Series 5, Volume 41, abrufbar unter: https://iopscience. iop.org/article/10.1086/121158/pdf

Laut seinen Berechnungen ... Umweltbundesamt (2022): Kohlendioxid, Abbildung: Kohlendioxid-Konzentration in der Atmosphäre (Monatsmittel), abrufbar unter: https://www.umweltbundesamt.de/daten/klima/atmosphaeri sche-treibhausgas-konzentrationen#kohlendioxid-

«Damit wird die Tätigkeit des Menschen ... Flohn H. (1941): Die Tätigkeit des Menschen als Klimafaktor. Zeitschrift für Erdkunde. 9, 13-22.

Ab den 1980er-Jahren zeigten sich bereits ... King, A.D. et al. (2015): The timing of anthropogenic emergence in simulated climate extremes. Environmental Research Letters, Vol. 10, Nr. 9, abrufbar unter: https://iopscience.iop.org/ article/10.1088/1748-9326/10/9/094015

In einer Studie von 1980 ... Manabe, S., Stouffer, R.J. (1980): Sensitivity of a global climate model to an increase of CO_2 concentration in the atmosphere. Journal of Geophysical Research - Oceans, Vol. 85, Issue C10, 5529-5554, abrufbar unter: https://agupubs.onlinelibrary.wiley.com/doi/abs/10.1029/ JC085iC10p05529

Vor allem in der Arktis erwärmten ... World Meteorological Organization (2021): State of the Global Climate 2020, WMO-No. 1264, abrufbar unter: https://library.wmo.int/doc_num.php?explnum_id=10618

Der grönländische Eisschild begann zu schmelzen ... Janson, M. (2019): Schmelzende Pole. Statista, abrufbar unter: https://de.statista.com/infografik/19416/flaechenrueckgang-von-arktis-und-antarktis-seit1980/

Selbst der Rückgang der globalen ... World Meteorological Organization (2021): WMO Greenhouse Gas Bulletin (GHG Bulletin) – No.17: The State of Greenhouse Gases in the Atmosphere Based on Global Observations through 2020, abrufbar unter: https://public.wmo.int/en/media/press-release/greenhouse-gas-bulletin-another-year-another-record

2021 war das siebte Jahr ... World Meteorological Organization (2021): 2021 one of the seven warmest years on record, WMO consolidated data shows, abrufbar unter: https://public.wmo.int/en/media/press-release/2021-one-of-seven-warmest-years-record-wmo-consolidated-data-shows

Denn wenn das arktische Meereis verschwindet ... Derocher, Andrew E. et al. (2004): Polar Bears in a Warming Climate. Integrative and Comparative Biology, Volume 44, Issue 2, 163–176, abrufbar unter: https://academic.oup.com/icb/article/44/2/163/674253

Eine Tonne ... Notz, D., Stroeve, J. (2016): Observed Arctic sea-ice loss directly follows anthropogenic CO_2 emission. Science, Vol. 354, Issue 6313. 747–750, abrufbar unter: https://www.science.org/doi/10.1126/science.aag2345

In Deutschland verursacht jede*r ... Statista (2019): Energiebedingte CO_2-Emissionen pro Kopf weltweit nach ausgewählten Ländern im Jahr 2019, abrufbar unter: https://de.statista.com/statistik/daten/studie/167877/umfrage/co-emissionen-nach-laendern-je-einwohner/

Eine Studie des Umweltbundesamtes ... Benndorf, R. et al. (2014): Treibhausgasneutrales Deutschland im Jahr 2050. Umweltbundesamt, Climate Change 07/2014, abrufbar unter: https://www.umweltbundesamt.de/sites/default/files/medien/378/publikationen/07_2014_climate_change_dt.pdf

Aber wussten Sie, dass ein Kilo Rindfleisch ... Oeko online. Das Internet und die Folgen für die Umwelt! Alpine Club Arlberg (Hrsg.), abrufbar unter: https://oeko.eu/co2-fakten/

Für jedes neue T-Shirt ... Quarks online (2020): Klimaschutz: So kannst du selbst CO_2 sparen, abrufbar unter: https://www.quarks.de/umwelt/klimawandel/klimaschutz-so-kannst-du-selbst-co2-sparen/

Wir schreiben im Jahr ... Röhlig, Marc (2019): Streaming ist eine der größten CO_2-Schleudern – doch es gibt Lösungsansätze für das Problem. SPIEGEL online, abrufbar unter: https://www.spiegel.de/kultur/tv/klickscham-wie-viel-co2-streaming-und-googlen-verursacht-und-welche-loesungen-es-gibt-a-c6e5ff54-71e9-46da-80cf-6ee1547d8b3a

Studien prognostizieren, dass Deutschland ... Fondazione Centro Euro-Mediterraneo sui Cambiamenti Climatici (CMCC): G20 Climate Risk Atlas – Germany, abrufbar unter: https://www.g20climaterisks.org/germany/

Weltweit könnte die Wirtschaftsleistung ... Kikstra, Jarmo S. et al. (2021): The social cost of carbon dioxide under climate-economy feedbacks and temperature variability. Environ. Res. Lett., 16, 094037, abrufbar unter: https://iopscience.iop.org/article/10.1088/1748-9326/ac1dob/pdf

Als große Industrienation ... Matthews, D. et al. (2014): National contributions to observal global warming. Eviron. Res. Lett. 9, 014010, abrufbar unter: https://iopscience.iop.org/article/10.1088/1748-9326/9/1/014010/pdf

Dank

Die Ergebnisse damals zeigten ... Arndt, S. et al. (2021): Recent observations of superimposed ice and snow ice on sea ice in the northwestern Weddell Sea. EGU, The Cryosphere, 15, 4165–4178, abrufbar unter: https://tc.copernicus.org/articles/15/4165/2021/

An Bord der S.A. Agulhas ... Podbregar, N. (2021): Antarktis: Expedition sucht Shackletons «Endurance». Expedition ins Weddellmeer soll nach dem Wrack des 1915 gesunkenen Schiffs suchen, scinexx.de, 13.07.2021, abrufbar unter: https://www.scinexx.de/news/geowissen/antarktis-expedition-sucht-shackletons-endurance/

Bildnachweis

Doppelseiten Kapitelaufmacher
Faszination Eis, S. 13/14: © Alfred-Wegener-Institut/Meereisphysik
Teil I, S. 24/25: © Alfred-Wegener-Institut/Meereisphysik
Teil II, S. 68/69: © Alfred-Wegener-Institut/Meereisphysik
Teil III, S. 102/103: © Alfred-Wegener-Institut/Meereisphysik
Teil IV, S. 136/137: © Alfred-Wegener-Institut/Meereisphysik
Generation Zukunft, S. 172/173: © Cryosity Art & Science/Helene & Thomas Hoffmann 2020

Tafelteil
Abb. 1: © Alfred-Wegener-Institut/Meereisphysik
Abb. 2, 26: © Thomas Hoffmann 2018
Abb. 4, 5, 6, 7, 12, 18, 19, 24, 27: © Stefanie Arndt
Abb. 3, 13, 14, 15: © Tim Kalvelage
Abb. 8, 9, 16, 17: © Christian R. Rohleder
Abb. 10, 11, 22, 25, 28: © Stefan Hendricks, Alfred-Wegener-Institut
Abb. 20, 23: © Mario Hoppmann, Alfred-Wegener-Institut
Abb. 21: © Alfred-Wegener-Institut/OFOBS-Team PS124